개정판

손정희의
수제청 정리노트

개정판

새콤달콤 나만의 홈카페 즐기기

손경희의
수제청 정리노트

| 손경희 지음 |

두드림미디어

네 가슴을 뛰게 하는 것,
그게 꿈이야!

9살과 7살 아이를 키우며, 오직 아이들 교육에만 집중하며 살던 주부 시절이었다. 평상시와 다름없이 아이들의 스케줄을 체크하며, 아이의 학원 시간을 맞추기 위해 종종걸음 하는 나에게 큰아이가 물었다.

"엄마, 학교에서는 내가 다 아는 내용으로 수업을 해서 너무 재미없어요. 내가 왜 이렇게 공부를 해야 해요?"

그 질문에 나는 아무런 대답을 할 수가 없었다. 그리고 며칠의 시간이 흘렀다. 아침부터 남편 출근 시키고, 아이들을 챙겨 등교 시킨 후 소파에 멍하니 앉아 리모컨을 여기저기 누르다가 우연히 김미경 강사의 강연을 듣게 되었다.

"너의 꿈을 왜 네 아이한테 강요하니? 의사가 되고 싶으면 네가 공부해!"

"꿈이란 건 네가 가장 좋아하는 것, 네 가슴을 뛰게 하는 것, 그게 꿈이야!"

꿈?

37년 동안 살면서 나는 한 번도 나의 꿈을 가져본 적이 없었다. 내 아이가 건강하고, 똑똑한 아이가 되길 바라는 상상을 하며, 내 생각들을 아이에게 강요하는 무지한 엄마였다. 그 막연한 나의 생각들은 자라나는 아이에게 생각할 기회를 막아 버렸으며, 상상할 시간조차 허용하지 않았던 것이다. 방송을 보며 지금부터 내 가슴을 뛰게 하는, 내가 좋아하는 꿈을 찾아보자고 마음먹었다. 아이들의 꿈은 아이들 스스로 찾을 수 있도록, 엄마인 나는 아이들을 도와주면 된다. 그때부터 내 꿈을 찾는 고민을 시작했다.

'내가 가장 좋아하는 것이 무엇일까?'

'나는 무엇을 할 때 가장 행복한가?'

그렇게 몇날 며칠의 시간이 흘렀다.

'나는 요리할 때 가장 즐거워. 내가 만든 요리를 누군가 정말 맛있다고 했을 때 가장 행복해.'

요리하는 나의 모습을 상상하는데, 그때부터 내 가슴이 막 뛰기 시작했다. 꿈을 요리로 좁히고, 그 안에서도 과일로 정했다. 알록달록 다양한 색, 새콤달콤 여러 가지 맛 과일들은 그 자체만으로도 경이롭고 아름다웠다. 제품 사진을 찍기 위해 카메라 렌즈를 들여다보면 어떤 소품도 필요 없이 아주 훌륭

한 장면이 연출되었다. 이렇게 예쁜 과일과 함께할 수 있는 나는 참 행운아라는 생각이 들었다.

어떤 사람들은 수제청이 설탕덩어리다, 건강에 해롭다고 말을 한다. 물론 수제청을 만들 때 많은 양의 설탕이 들어간다. 하지만 수제청은 원액을 그대로 마시는 것이 아니라 물에 희석해 음료로 마신다. 또한 어떤 인공적인 향신료나 발색제 없이 건강한 홈메이드 음료를 만들 수 있다. 수제청은 어떤 음료보다 맛있고 건강한 홈메이드 음료다.

내 가슴을 뛰게 하는 나의 첫 번째 작품, 수제청을 이 책에 차곡차곡 담았다. 건강한 음료 한 잔에 내 꿈과 건강함을 담아 보낸다. 이 책을 통해 많은 사람들과 건강한 수제청에 대해 그리고 나와 소통할 수 있길 진심으로 바란다. 엄마의 정성과 행복한 마음을 담은 수제청으로 늘 건강하고 행복한 날들이 되길 소망한다.

손경희

▶ 과정을 동영상으로 볼 수 있어요!

2장. 수제청 정리노트

3장. 수제식초 정리노트

4장. 코디얼 정리노트

5장. 건조과일 정리노트

1장

기본
정리노트

1) 저울

저울이란 물체의 무게나 질량을 재는 기계
나 기구다. 가정에서는 3kg까지 잴 수 있는
전자저울을 추천한다. 계량 단위는 1g 정도
면 좋다.

2) 계량컵

계량컵이란 재료의 양을 재는 도구를 말
한다. 용량 단위는 180ml, 200ml, 500ml,
1,000ml가 있다.

3) 계량스푼

계량스푼은 역시 계량컵과 마찬가지로 재
료의 양을 재는 도구로, 용량 단위 1T는
15ml를 말한다.

4) 믹싱볼

믹싱볼은 과일이나 야채를 세척할 때 사용하고, 무치거나 버무리는 용기로도 사용한다. 재질은 스테인리스, 플라스틱, 유리가 있다. 유리는 투명하고, 깔끔해서 좋지만, 무겁다는 단점이 있다. 스테인리스 재질은 유리에 비해 다소 가벼운 것이 장점이지만, 산이 많은 식품을 장시간 담아놓을 경우 녹이 발생할 수 있으니 주의해야 한다. 또한 비타민은 철과 닿으면 비타민이 파괴될 수도 있다.

5) 당도계

당도계는 당의 함량을 측정하는 기계를 말한다. 단위는 브릭스(Brix)로 표시한다.

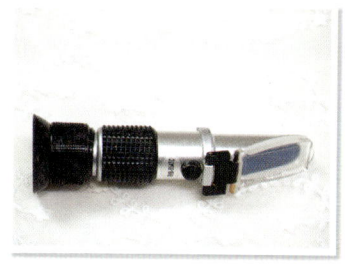

2
당의 종류를
알아보아요

1) 설탕

설탕이란 사탕수수 또는 사탕무 등에서 추출한 당액 또는 원당을 정제한 백설탕, 갈색설탕 등을 말한다. 이 책에서 사용하는 청은 모두 유기농설탕을 사용한다. 유기농설탕이란 화학비료나 농약을 3년 이상 사용하지 않은 땅에서 자란 사탕수수나 사탕무를 정제한 설탕을 말한다. 정제과정이 일반 백설탕보다 짧아 소량의 미네랄과 영양성분이 남아 있다.

2) 올리고당

올리고당이란 당이 2개에서 8개로 결합한 당을 말한다. 콩, 양파, 마늘 등 식물에 소량 함유된 당이며, 장내 소화 효소에 의해 분해되지 않아 칼로리가 낮은 장점이 있다. 설탕과 비슷해서 설탕 대용으로 사용하지만, 수제청을 만들 때는 과일의 삼투압 작용을 일으키지 않는다.

3) 꿀

꿀은 꽃에서 채집한 화밀로, 일부 수분이 포함되어 있다. 하지만 이 꿀만으로 수제청을 만드는 경우에는 수제청이 상하기 쉽다.

3 용기 소독하는 법을 알아보아요

1) 열탕 소독

① 냄비에 소독할 병이 반 정도 담길 만큼의 물을 담는다.

② 세척한 병을 넣는다.

③ 뚜껑을 덮은 후 끓는 물에서 약 3분간 끓여 준다.

④ 물을 털어내고, 병을 똑바로 세운 후 건조시킨다.

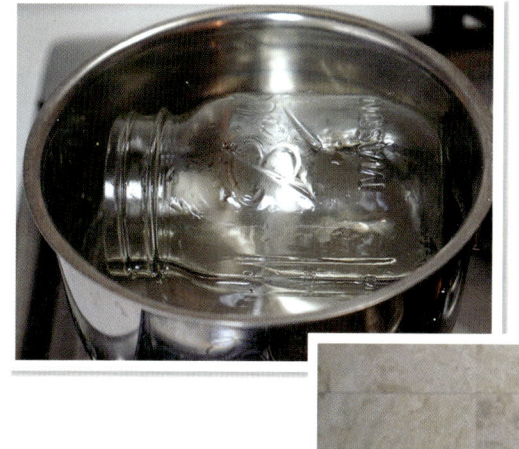

4
수입과일 세척방법을 알아보아요

🍎 재료

레몬,
굵은 소금,
베이킹소다,
밀가루

1 굵은 소금과 수세미를 준비한다.

2 레몬에 굵은 소금을 뿌린 뒤 수세미로
약 10초 동안 문지른다.

 까슬까슬한 소금이 세균의 막을 깨는 역할을 한다.

3 베이킹소다 푼 물에 레몬을 약 20분간 담근다.

 베이킹소다는 레몬에 묻은 농약이나 이물질 제거 역할을 한다.

4 끓는 물에 레몬을 넣어 한 번 저은 후 바로 꺼낸다.

 왁스는 뜨거운 물에 녹아내린다.

5 밀가루 푼 물에 수세미로 약 10초 동안 문질러 세척한다.

 밀가루는 여분의 왁스를 제거하는 역할을 한다.

· 왁스란? ·

왁스(Wax)는 물에 녹지 않는 알코올 지방산 에스터를 총칭해서 부르는 말이다. 과일을 장기 보존하거나 과일의 광택을 보기 좋게 만들기 위해 사용한다.

2장

수제청 정리노트

둘째 아이의 아토피 이야기 ☕

내가 음식에 집착을 많이 했던 이유는 태어난 지 10개월 만에 시작된 둘째 아이의 아토피 때문이었다. 아이는 아토피 가려움증으로 인해 밤낮없이 깊은 잠을 자지 못하고 울었다. 병은 한 가지인데, 약은 만 가지라고 하는 말이 있다. 아토피에 좋다는 것은 얼마나 많은지…. 아이의 먹거리부터 시작해서, 아이가 숨 쉬는 공간까지 하나하나 체크하며, 아토피에 좋다는 것을 적용해보았다.

그리고 서울부터 부산까지 아토피에 유명하다는 명의를 찾아다니며 상담과 치료를 받았다. 그렇게 매일 전쟁 같은 나날을 보내면서 아이는 서서히 자랐고, 5살 즈음부터는 깊은 잠을 자기 시작했다. 나는 그때 먹거리의 중요성을 깨닫게 되었다.

이렇게 둘째 아이의 아토피 이야기를 브랜드 스토리로 만들었다.

테이블에서 콧노래하다 ☕

'허밍테이블'은 식탁에서 흥얼흥얼 콧노래 한다는 뜻에서 선택한 상호다. 허밍테이블 탄생을 위한 준비를 하면서 디자인 회사 한주희 실장님을 자주 만나게 되었다. 이런저런 이야기를 나누다가 한 실장님이 이런 말을 했다.

"손경희는 참 단아해. 음식과 너무 잘 어울려. 허밍테이블 앞에 당신 이름
을 넣어 보는 건 어때?"

이렇게 허밍테이블은 '손경희의 허밍테이블'이 되었다. 내 이름을 상호로 넣으니 좀 더 많은 책임감이 느껴졌다. 이제부터 허밍테이블 브랜드의 주인공은 손경희다. 아무것도 몰랐던 주부, 손경희를 브랜드로 만들어 보자!

수제청이란 무엇일까?

과일을 일정 비율의 설탕과 잘 버물려 두면, 과일이 설탕에 의해서 삼투압 현상이 일어난다. 이때 과일 자체의 수분과 영양분이 함께 배출되면서 숙성 과정을 통해 맛과 영양분이 풍부해지는데, 이것을 수제청(과일청)이라고 한다.

수제청을 맛있게 만드는 비법

1) 수제청을 만든 후 유기농설탕이 녹을 때까지 실온에 둔다.
2) 실온에서는 자주 저어주어 유기농설탕을 빠르게 녹여준다.
3) 숙성은 5도 이하 냉장고에서 한다.

수제청 숙성 과정

1.

레
몬
청

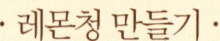
· 레몬청 만들기 ·

 재료

레몬 400g(4개), 유기농설탕 320g,

베이킹소다, 굵은 소금, 밀가루

1 레몬을 굵은 소금과 밀가루로 세척한다(세척 방법은 1장 참고).

2 세척한 레몬을 0.5cm 두께로 슬라이스 한다.

Tip 레몬의 꼭지에는 쓴맛이 많기 때문에 과육이 보일 정도로 잘라 버린다.

3 슬라이스 한 레몬은 씨앗을 제거한다.

Tip 레몬 씨앗에도 쓴맛이 있어서, 제거하는 것이 좋다.

4 슬라이스 한 레몬에 유기농설탕을 넣은 후 살살 버무려 준다.

Tip 슬라이스 한 레몬 무게를 잰 후 레몬 무게의 80% 중량만큼 유기농설탕을 넣는다. 버무릴 때 힘을 과하게 주면, 레몬의 과육이 모두 빠져 버리기 때문에 살살 버무려 준다.

5 소독된 용기에 버무린 레몬을 넣는다.

Tip 이하 용기 소독법은 1장 참고하기.

6 실온에 두면서 하루에 한두 번씩 저어준다.

(Tip) 병에 넣은 후 실온에서는 유기농설탕이 녹을
때까지 두는데, 이때는 자주 흔들어주거나, 잘
소독된 나무숟가락을 넣어서 저어준다. 그리
고 하루에 한두 번씩 뚜껑을 열어 가스를 빼준
다. 가스를 안 빼줄 경우 가스로 인해 과일청이
흘러넘칠 수 있으며, 심한 경우 병이 폭파할 수
있다(모든 과일청이 이와 같은 과정을 거친다).

7 유기농설탕이 녹으면 6번을 냉장고에서 5
일간 숙성하면 레몬청이 완성된다.

(Tip) 숙성된 레몬청은 냉장고에서 3개월 동안 보관
가능하다.

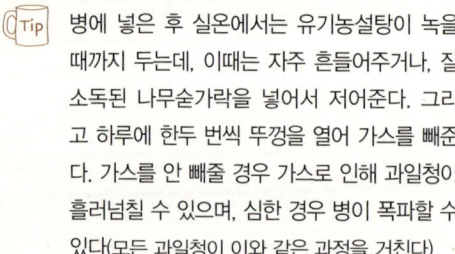

· 레몬청으로 레몬차 만들기 ·

레몬청과 뜨거운 물을 1대 4비율로 타서 마신다. 겨울철 따뜻한 차로 마시기 좋은 레몬차는
비타민C가 풍부해 피로회복과 감기예방에 좋다.

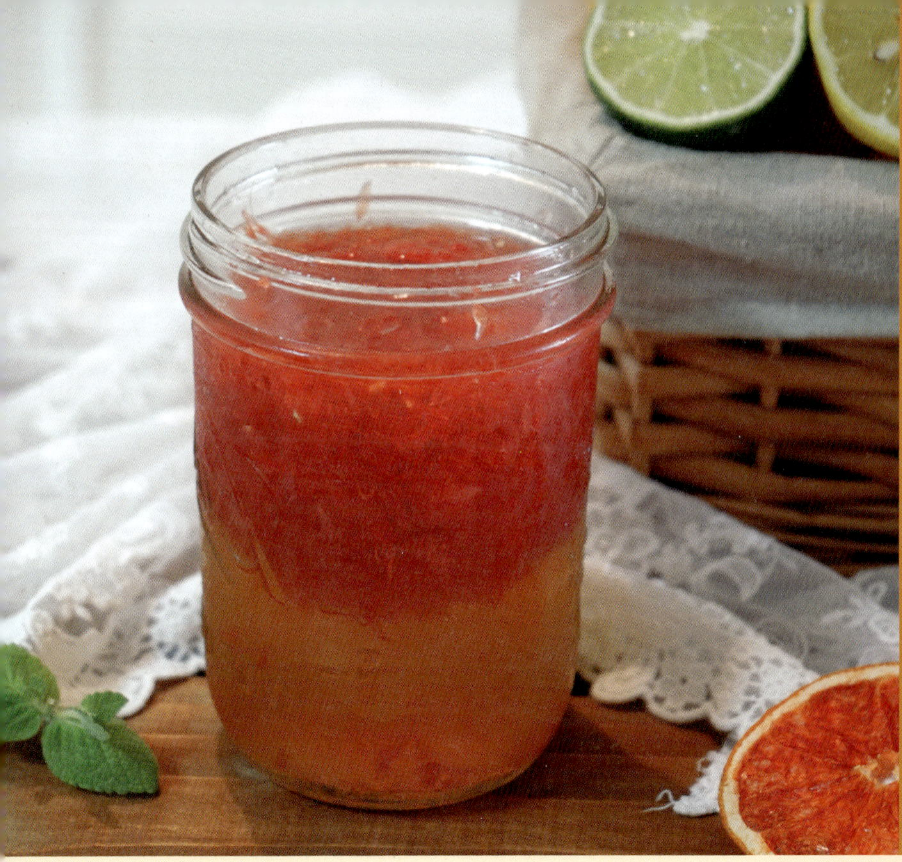

·자몽청 만들기·

 재료

자몽 400g(2개), 유기농설탕 320g,

베이킹소다

1 자몽을 세척한다(세척 방법은 1장 참고).

2 자몽 앞뒤 꼭지 부분을 슬라이스 한 후, 옆 껍질까지 슬라이스 해서 알알이 벗긴다.

3 2번에 유기농설탕을 넣은 후 버무린다.

Tip 알알이 깐 자몽을 저울에 올려 자몽의 무게를 잰 후 자몽 무게의 80% 중량만큼 유기농설탕을 넣고, 자몽 무게의 10% 중량만큼 꿀을 넣어 잘 버무린다.

4 소독된 용기에 버무린 자몽을 넣는다.

5 실온에 두면서 유기농설탕이 녹을 때까지 하루에 한두 번씩 저어준다.

6 유기농설탕이 녹으면 5번을 냉장고에서 넣고 다시 5일간 숙성하면 자몽청이 완성된다.

Tip 숙성된 자몽청은 냉장고에서 3개월 동안 보관 가능하다. 하지만 곰팡이가 생기기 쉬우니 자몽이 당을 흡수할 때까지 냉장고에서도 한 번씩 저어준다.

· 자몽청으로 자몽차 만들기 ·

자몽청과 뜨거운 물을 1대 4비율로 타서 마신다. 건조 자몽을 1조각 올려서 완성한다. 자몽은 피부에 좋고, 면역력 유지에 도움을 준다.

3.
키
위
청

· 키위청 만들기 ·

 재료

키위 360g(4개), 유기농설탕 360g,
베이킹소다

1 물에 베이킹소다 한두 스푼을 넣고, 키위를 약 20분 담근 후에 수세미로 문질러 키위의 털을 제거하면서 세척한다.

Tip 키위는 단단한 그린키위를 선택하며, 숙성시키지 않고 사용한다.

2 키위를 껍질을 벗긴 후 0.5cm 두께로 슬라이스 한다.

3 2번에 유기농설탕을 넣어 버무린다.

Tip 키위청은 효소가 많아 부글거리기가 쉽다. 따라서 키위와 유기농설탕은 같은 양을 사용한다. 버무릴 때 부서지기 쉬우니 주의한다.

4 소독된 용기에 버무린 3번을 넣는다.

5 실온에 두면서 유기농설탕이 녹을 때까지 하루 한 번씩 저어준다.

 이틀 정도면 유기농설탕이 모두 녹는다.

6 유기농설탕이 녹으면 5번을 냉장고에서 넣고 다시 5일간 숙성하면 키위청이 완성된다.

 숙성된 키위청은 냉장고에서 3개월 동안 보관 가능하다.

· 키위청으로 키위에이드 만들기 ·

컵에 얼음을 가득 채우고, 키위청과 탄산수의 비율은 1대 4비율로 넣어 완성한다. 키위는 단백질 분해 작용을 하는 액티나딘이 풍부해 소화에 좋다.

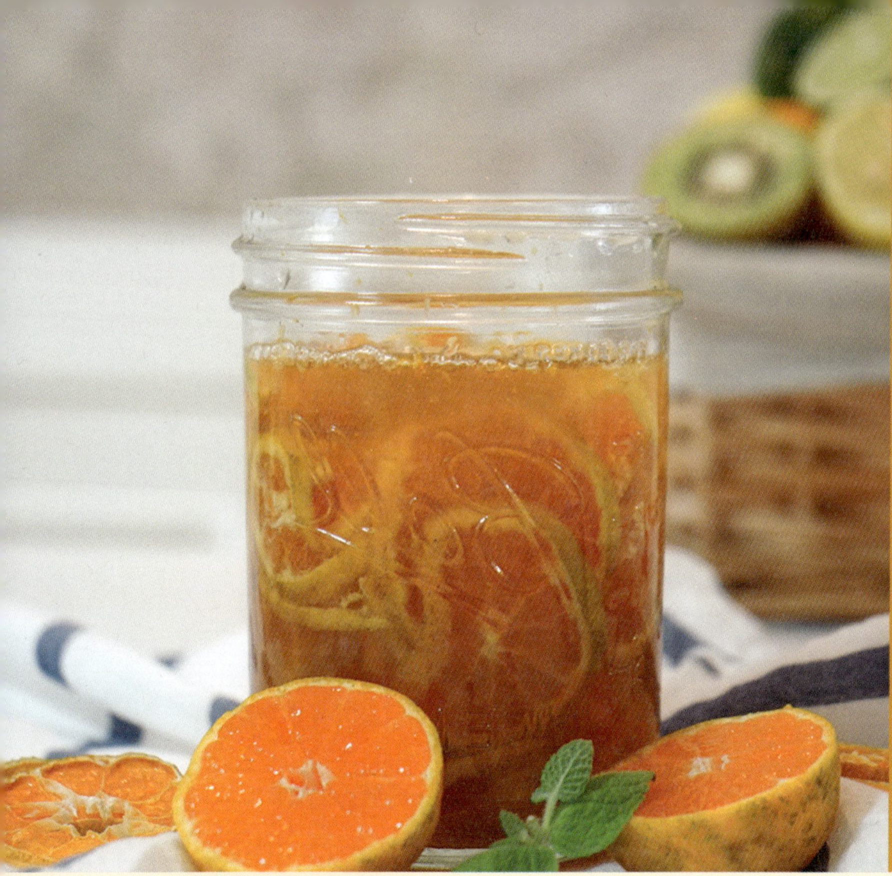

· 감귤청 만들기 ·

 재료

귤 400g(4개), 유기농설탕 320g,

베이킹소다

1 물에 베이킹소다 한두 스푼을 넣고, 감귤
   을 약 20분 담근 후에 세척하고, 정수에
   헹군다.

Tip 왁스 도포한 감귤인 경우 세척 방법은 1장을
     참고한다(왁스 도포한 감귤은 광택이 있다).

2 세척한 감귤을 0.5cm 두께로 슬라이스
   한다.

3 2번에 유기농설탕을 넣어 버무린다.

Tip 슬라이스 한 감귤 무게를 잰 후 감귤 무게의
     80% 중량만큼 유기농설탕을 넣어 버무린다.

4 소독된 용기에 버무린 감귤을 넣는다.

5 실온에 두면서 유기농설탕이 녹을 때까지
 하루 한두 번씩 저어준다.

Tip 이틀 정도면 유기농설탕이 모두 녹는다.

6 유기농설탕이 녹으면 5번을 냉장고에서 넣
 고 다시 5일간 숙성하면 감귤청이 완성된다.

Tip 숙성된 감귤청은 냉장고에서 3개월 동안 보
 관 가능하다.

· 감귤청으로 감귤차 만들기 ·

감귤청과 뜨거운 물을 1대 4비율로 타서 마신다. 감귤의 비타민C는 신진대사를 원활히 하며
피부와 점막을 튼튼하게 하는 작용이 있어 감기예방에 효과가 있다.

5.

복분자청

· 복분자청 만들기 ·

 재료

복분자 400g, 유기농설탕 400g

1 정수에 복분자를 넣어 흔들어 세척한 후 건
  져낸다.

2 세척한 복분자는 체에 밭쳐 물기를 제거한다.

3 복분자와 유기농설탕을 잘 버무린다.

🍵 Tip   복분자는 효소가 많은 과일이라 숙성되는 동안
         부글거림이 많으니 주의한다.

4 소독된 용기에 버무린 복분자를 넣는다.

🍵 Tip   효소가 많은 복분자는 용기에 70% 정도만 채
         워준다.

5 실온에 두면서 유기농설탕이 녹을 때까지
  하루에 한두 번씩 저어준다.

🍵 Tip   이틀 정도면 유기농설탕이 모두 녹는다.

6 유기농설탕이 녹으면 **5**번을 냉장고에 넣고 다시 5일간 숙성하면 복분자청이 완성된다.

Tip　숙성된 복분자청은 냉장고에서 3개월 동안 보관 가능하다.

· 복분자청으로 복분자차 만들기 ·

복분자청과 뜨거운 물을 1대 4비율로 타서 마신다. 복분자는 항산화 기능과 노화 예방에 좋다.

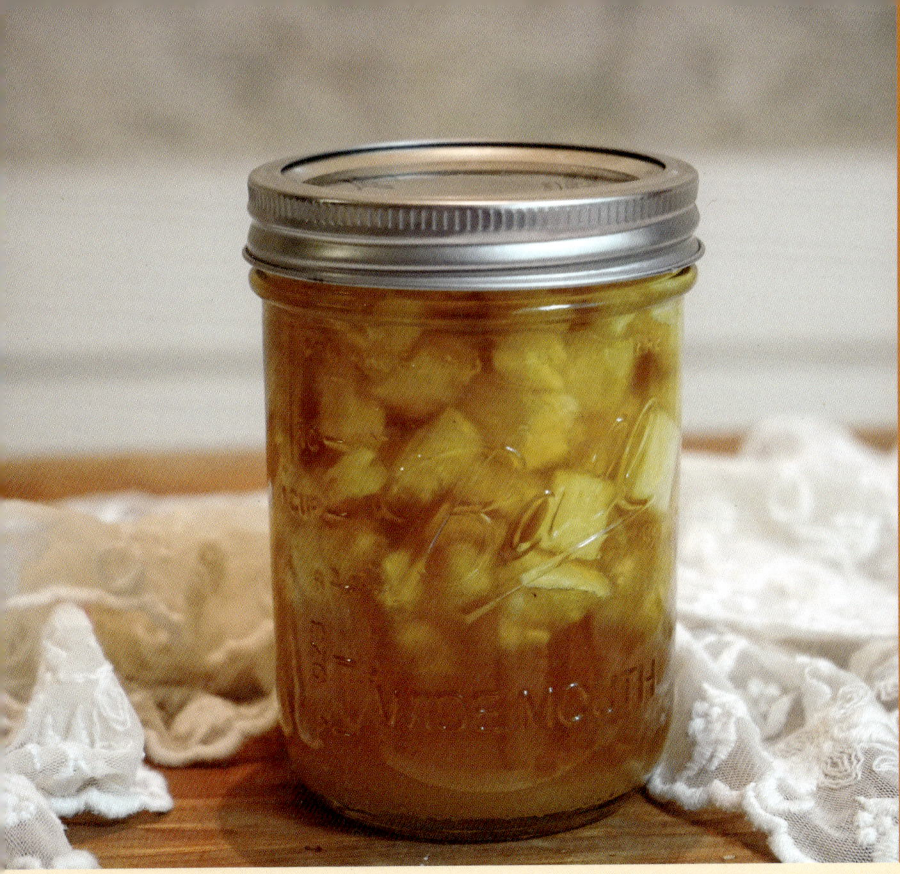

6. 파인애플청

· 파인애플청 만들기 ·

재료

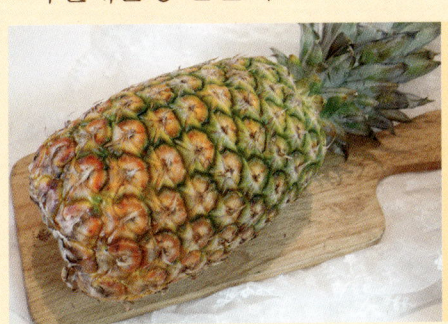

파인애플 300g(1/3통),
유기농설탕 300g,
베이킹소다

1 물에 베이킹소다 한두 스푼을 넣고, 파인애
플을 약 20분 담근 후에 세척하고, 정수에
헹군다.

2 파인애플 껍질을 벗긴 후 3×3cm 크기로
썬다.

3 2번에 유기농설탕을 넣은 후 버무린다.

Tip 파인애플과 유기농설탕은 같은 양으로 한다.

4 소독된 용기에 버무린 파인애플을 넣는다.

5 실온에 두면서 유기농설탕이 녹을 때까지
하루에 한두 번씩 저어준다.

Tip 이틀 정도면 유기농설탕이 모두 녹는다.

6 유기농설탕이 녹으면 **5**번을 냉장고에 넣고 다시 5일간 숙성하면 파인애플청이 완성된다.

> **Tip** 파인애플은 효소가 많은 과일이다. 부글거림이 많아 병 속에 탄산가스가 많이 찰 수 있으니, 처음에는 하루 한두 번씩 뚜껑을 열어 탄산가스를 빼줘야 한다. 숙성된 파인애플청은 냉장고에서 3개월 동안 보관 가능하다.

· 파인애플청으로 파인애플에이드 만들기 ·

컵에 얼음을 가득 채우고, 파인애플청과 탄산수의 비율은 1대 4비율로 넣어 완성한다. 파인애플은 신진대사를 원활하게 하며 소화에 도움을 준다.

7.
오렌지청

· 오렌지청 만들기 ·

 재료

오렌지 300g(2개), 유기농설탕 240g,
베이킹소다

1 오렌지를 세척한다(세척 방법은 1장 참고).

2 세척한 오렌지를 껍질을 벗긴 후 2×3cm
   크기로 썬다.

3 2번에 유기농설탕을 넣어 버무린다.

4 소독된 용기에 3번을 넣는다.

5 실온에 두면서 유기농설탕이 녹을 때까지 하루에 한두 번씩 저어준다.

 이틀 정도면 유기농설탕이 모두 녹는다.

6 유기농설탕이 녹으면 5번을 냉장고에서 넣고 다시 5일간 숙성하면 오렌지청이 완성된다.

 숙성된 오렌지청은 냉장고에서 3개월 동안 보관 가능하다.

· 오렌지청으로 오렌지요거트 만들기 ·

플레인 요거트에 오렌지청을 적당히 얹어 완성한다. 오렌지는 노폐물 배출과 피부 미용에 좋다.

8

장미오렌지청

· 장미오렌지청 만들기 ·

 재료

오렌지 400g(2개), 유기농설탕 320g,

건조장미 4T, 베이킹소다,

굵은 소금, 밀가루

1 오렌지를 세척한다(세척 방법은 1장 참고).

2 오렌지 꼭지를 잘라낸 후 0.5cm 두께로 슬
   라이스 한다.

3 2번에 유기농설탕을 넣은 후 버무린다.

   Tip 버무릴 때는 오렌지의 과육이 빠지지 않도록
        주의한다. 볼을 양손에 들고 잘 흔들어준다.

4 소독된 용기에 3번을 넣는다.

5 4번에 건조장미를 넣어준다.

6 실온에 두면서 유기농설탕이 녹을 때까지 하루에 한두 번씩 저어준다.

Tip 이틀 정도면 유기농설탕이 모두 녹는다.

7 유기농설탕이 녹으면 **6**번을 냉장고에 넣고 다시 5일간 숙성하면 장미오렌지청
이 완성된다.

Tip 숙성된 장미오렌지청은 냉장고에서 3개월 동안 보관 가능하다.

· 장미오렌지청으로 장미오렌지에이드 만들기 ·

컵에 얼음을 가득 채우고, 장미오렌지청과 탄산수의 비율은 1대 4비율로 넣어 완성한다.
건조장미와 오렌지는 심신의 안정을 주며 면역력을 올리는 데 도움을 준다.

9.
꿀유자청

· 꿀유자청 만들기 ·

 재료

유자 400g(3개),

유기농설탕 320g,

꿀 40g,

베이킹소다

1 물에 베이킹소다 한두 스푼을 넣고, 유자를 약 20분 담근 후에 세척하고, 정수에 헹군다.

2 씻은 유자는 건져서 체에 밭치고, 실온에서 약 1시간 정도 뒤 표면의 물기를 자연스럽게 말린다.

3 유자의 껍질과 과육을 분리할 때는 칼을 세워 칼집을 낸 후 8조각으로 분리한다.

4 유자 알맹이를 손으로 눌러 유자 속 씨앗을 제거한다.

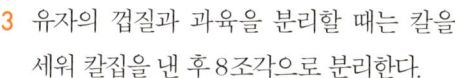

Tip 유자 속에 든 씨앗을 잘 제거해야 다지기가 쉽다.

5 유자 알맹이는 칼로 잘게 다져준다.

6 유자 껍질은 여러 겹을 모아서 채를 썬다.

7 5번과 6번을 유기농설탕과 꿀을 함께 섞는다.

8 소독된 용기에 버무린 유자를 넣고, 실온에 두면서 유기농설탕이 녹을 때까지 하루에 한두 번씩 저어준다.

9 유기농설탕이 녹으면 8번을 냉장고에 넣고 다시 2주일간 숙성하면 꿀유자청이 완성된다.

Tip 숙성된 꿀유자청은 냉장고에서 3개월 동안 보관 가능하다.

· 유자청으로 유자에이드 만들기 ·

컵에 얼음을 가득 채우고, 유자청과 탄산수의 비율은 1대 4비율로 넣어 완성한다. 유자는 혈액 순환을 촉진하며, 노화예방에 도움을 준다.

10.

딸기청

· 딸기청 만들기 ·

 재료

딸기 400g, 유기농설탕 360g,
베이킹소다, 식초

1 물에 베이킹소다 한두 스푼을 넣고, 딸기를 담근 뒤 흔들어 세척한다.

Tip 헹굼은 2번 한 후 마지막 헹굼은 식초를 섞은 정수에 헹군다.

2 씻은 딸기는 건져서 체에 밭쳐 물기를 뺀다.

3 딸기 꼭지를 뗀 후 1/4 크기로 썬다. 작은 딸기는 자르지 않아도 좋다.

4 3번에 유기농설탕을 넣은 후 버무린다.

Tip 딸기는 잘 무르는 과일이라 부스러질 수 있으니 주의한다.

5 소독된 용기에 버무린 딸기를 넣는다.

6 실온에 두면서 유기농설탕이 녹을 때까지 하루에 한두 번씩 저어준다.

7 유기농설탕이 녹으면 6번을 냉장고에 넣고
   다시 3일간 숙성하면 딸기청이 완성된다.

Tip 숙성된 딸기청은 냉장고에서 3개월 동안 보관
     가능하다.

· 딸기청으로 딸기설빙 만들기 ·

얼린 우유를 믹서에 갈아서 준비한 후 딸기청과 섞어 먹는다. 딸기는 콜라겐을 생성하고
멜라닌을 억제해서 피부 미용에 도움을 준다.

11.
딸기레몬청

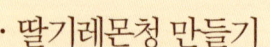

· 딸기레몬청 만들기 ·

 재료

딸기 300g, 레몬 100g(1개),
유기농설탕 320g, 베이킹소다,
굵은 소금, 밀가루

1 레몬은 1장을 참고해서 세척하고, 딸기는 베이킹소다 풀은 물에 담근 뒤 흔들어 세척한다. 헹굼은 2번 한 후 마지막 헹굼은 식초를 섞은 정수에 헹군다.

2 씻은 레몬과 딸기는 건져서 체에 받쳐 물기를 뺀다.

3 레몬은 0.5cm 두께로 슬라이스 하고, 딸기는 1/4 크기로 썰어 준비한다.

Tip 딸기 크기가 작은 경우 통째로 사용한다.

4 3번에 유기농설탕을 넣어 버무린다.

5 소독된 용기에 4번을 넣는다.

6 실온에 두면서 유기농설탕이 녹을 때까지 하루에 한두 번씩 저어준다.

7 유기농설탕이 녹으면 **6**번을 냉장고에 넣고 다시 3일간 숙성하면 딸기레몬청이 완성된다.

Tip 숙성된 딸기레몬청은 냉장고에서 3개월 동안 보관 가능하다.

· 딸기레몬청으로 딸기 에이드 만드는 방법 ·

컵에 얼음을 가득 채우고, 딸기레몬청과 탄산수의 비율은 1대 4비율로 넣어 완성한다. 딸기는 콜라겐을 생성하고 멜라닌을 억제해서 피부 미용에 좋으며, 레몬은 비타민C가 풍부해 피로 회복에 좋다.

12.

히비스커스딸기청

· 히비스커스딸기청 만들기 ·

🍎 재료

딸기 500g, 유기농설탕 400g,

히비스커스 5T, 베이킹소다, 식초

1 물에 베이킹소다 한두 스푼을 넣고, 딸기를 담근 뒤 흔들어 세척한다. 헹굼은 2번한 후 마지막 헹굼은 식초를 섞은 정수에 헹군다.

2 씻은 딸기는 건져서 체에 받쳐 물기를 뺀다.

3 딸기를 4등분으로 잘라준다.

4 딸기에 유기농설탕을 넣어 버무린다.

 딸기를 유기농설탕에 버무릴 때 세게 힘을 주면 딸기가 부서질 수 있으니 주의한다.

5 실온에 두면서 유기농설탕이 녹을 때까지하루에 한두 번씩 저어준다.

6 유기농설탕이 녹으면 히비스커스를 티백에담아 5번에 넣은 후 냉장고에서 5일간 숙성시킨다.

7 냉장고에서 5일간 숙성 후 히비스커스 티
백을 꺼내면 히비스커스딸기청이 완성
된다.

Tip 딸기는 수용성 색소이기 때문에 시간이 지나
면 딸기 색상이 연해진다. 히비스커스를 넣으
면 연해지는 딸기 색상을 보완해주며, 딸기의
부족한 신맛도 히비스커스가 보완해줘서 좀
더 상큼한 청으로 만들 수 있다.

· 히비스커스딸기청으로 히비스커스딸기차 만들기 ·

히비스커스딸기청과 뜨거운 물을 1대 4비율로 타서 마신다. 히비스커스는 이뇨작용과
몸속 노폐물을 배출하는 역할을 한다.

13.

애플시나몬청

· 애플시나몬청 만들기 ·

 재료

사과 300g(1개), 유기농설탕 240g,

시나몬 4스틱, 베이킹소다, 식초

1 물에 베이킹소다 한두 스푼을 넣고, 사과와 시나몬을 세척한다. 헹굼은 2번 한 후 마지막 헹굼은 식초를 섞은 정수에 헹군다.

2 씻은 사과와 시나몬은 건져서 체에 받쳐 물기를 뺀다.

3 사과를 반으로 잘라준 다음, 가운데 씨앗을 뺀다.

4 사과 결을 따라 0.5cm 두께로 슬라이스 한다.

5 4번에 유기농설탕을 넣어 버무린다.

  Tip 사과가 부서지기 쉬우니 주의한다.

6 소독된 용기에 시나몬을 스틱을 넣은 후 5번을 넣는다.

  Tip 시나몬의 청량함과 포근한 향은 부드러운 사과 맛을 한층 더 우아하게 해준다.

7 실온에서 두면서 유기농설탕이 녹을 때까지 하루에 한두 번씩 저어준다.

8 유기농설탕이 녹으면 실온에 뒀던 **7**번을 냉장고에 넣고 다시 2주간 숙성하면
   애플시나몬청이 완성된다.

· 애플시나몬청으로 애플시나몬차 만들기 ·

애플시나몬청과 뜨거운 물을 1대 4비율로 타서 마신다. 사과에는 항바이러스와 항균 작용이
뛰어나며, 시나몬은 수분대사 조절과 생리통 완화에 도움을 준다.

14.

생
강
청

· 생강청 만들기 ·

 재료

생강 300g, 유기농설탕 300g

1 생강 껍질을 벗긴다.

2 흐르는 물에 생강을 헹궈준 다음, 정수에
식초를 부어 마지막 헹굼을 해준다.

3 준비한 생강을 0.2cm 두께로 슬라이스 한다.

4 3번에 유기농설탕을 넣어 버무린다.

5 소독한 용기에 버무린 생강을 넣는다.

6 실온에 두면서 유기농설탕이 녹을 때까지
하루에 한두 번씩 저어준다.

7 유기농설탕이 녹으면 실온에 뒀던 **6**번을 냉장고에 넣고 다시 2주간 숙성하면
생강청이 완성된다.

· 생강청으로 생강홍차 만들기 ·

뜨거운 물에 홍차 티백을 넣어 진하게 우린 뒤, 홍차와 생강청을 4대 1비율로 넣어 완성한다.
생강에는 몸속 찬 기운을 몸 밖으로 배출하는 효과가 있어 감기에 좋다.

15.

도라지배청

· 도라지배청 만들기 ·

 재료

도라지 100g(2뿌리),
배 250g(반 개), 유기농설탕 280g,
꿀 3T, 베이킹소다, 식초

1 도라지는 흐르는 물에 흔들어 씻어 흙을 제거한 뒤 솔로 문질러 세척한다.

Tip 물에 약 30분간 담가두면 흙을 씻기가 쉬워진다. 마지막 헹굼은 식초를 섞은 물에서 헹군다.

2 배는 베이킹소다 풀은 물에서 세척 후 헹궈 준비한다.

3 도라지는 통으로 최대한 얇게 슬라이스 한다.

4 배는 3×3cm 크기로 썬다.

5 3번과 4번에 유기농설탕을 넣어 버무린 후, 꿀을 넣어 다시 버무린다.

6 소독된 용기에 버무린 **5**번을 넣고 실온에
  두면서 유기농설탕이 녹을 때까지 하루에
  한두 번씩 잘 저어준다.

7 유기농설탕이 녹으면 실온에 뒀던 **6**번을 냉
  장고에 넣고 다시 2주간 숙성하면 도라지
  배청이 완성된다.

Tip 숙성된 도라지배청은 냉장고에서 3개월 동안
    보관 가능하다.

· 도라지배청으로 도라지배라떼 만들기 ·

따뜻한 우유에 도라지배청을 4대 1비율로 넣어 믹서에 갈아 완성한다. 도라지와 배는 기관
지에 도움을 준다.

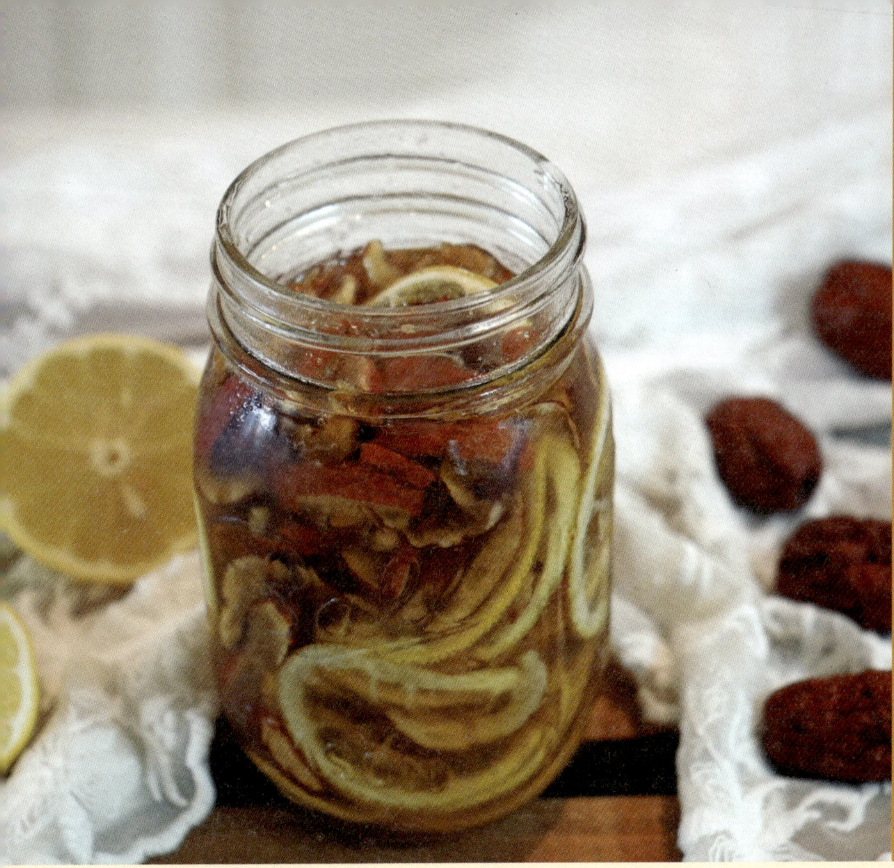

· 대추레몬청 만들기 ·

 재료

말린 대추 100g, 레몬 200g,

유기농설탕 240g, 베이킹소다,

굵은 소금, 밀가루

1 대추는 흐르는 물에서 세척한다.

🫖 Tip 말린 대추는 물에 담가 세척할 경우 대추가 물을 흡수하니 세척 시 주의한다.

2 대추를 살짝 건조시킨 후 씨를 발라내고 슬라이스 한다.

3 레몬을 세척 후 0.5cm 두께로 슬라이스 한다.

4 2번과 3번에 유기농설탕을 넣어 버무린다.

5 소독된 용기에 버무린 4번을 넣고 실온에 두면서 유기농설탕이 녹을 때까지 하루에 한두 번씩 잘 저어준다.

6 유기농설탕이 녹으면 실온에 뒀던 **5**번을 냉장고에 넣고 다시 2주일간 숙성하면 대추레몬청이 완성된다.

🍵Tip 숙성된 대추레몬청은 냉장고에서 3개월 동안 보관 가능하다.

· 대추레몬청으로 대추레몬차 만들기 ·

대추레몬청과 뜨거운 물을 1대 4비율로 타서 마신다. 대추는 신경쇠약이나 빈혈에 도움을 준다.

17.

복숭아청

· 복숭아청 만들기 ·

 재료

복숭아 300g(3개),

유기농설탕 240g,

베이킹소다

1 물에 베이킹소다 한두 스푼을 넣고, 복숭아를 약 10분간 담근 후에 세척한다. 헹굼은 2번 한 후 마지막 헹굼은 정수로 한다.

2 복숭아를 반으로 잘라 씨앗을 뺀 후 슬라이스 한다.

3 2번에 유기농설탕을 넣어 버무린다.

4 소독된 용기에 버무린 3번을 넣는다.

5 실온에서 두면서 유기농설탕이 녹을 때까지 하루에 한두 번씩 저어준다.

6 유기농설탕이 녹으면 실온에 뒀던 **5**번을 냉
　장고에 넣고 다시 5일간 숙성하면 복숭아
　청이 완성된다.

Tip　숙성된 복숭아청은 냉장고에서 3개월 동안 보
　　관 가능하다.

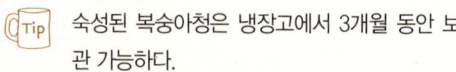

· 복숭아청으로 복숭아에이드 만들기 ·

홍차를 진하게 우린 후 컵에 얼음을 가득 채운다. 복숭아청과 탄산수를 1대 4비율로 넣어
완성한다. 복숭아는 면역력을 키워주며, 식욕을 돋운다.

18. 자두레몬청

· 자두레몬청 만들기 ·

 재료

자두300g(3개), 레몬 100g(1개),
유기농설탕 320g, 베이킹소다

1 물에 베이킹소다 한두 스푼을 넣고, 자두와
   레몬을 약 10분간 담근 후에 세척한다. 헹
   굼은 2번 한 후 마지막 헹굼은 정수로 한다.

2 자두를 반으로 잘라 씨를 뺀 다음 슬라이
   스 한다.

3 레몬은 스퀴즈 한다.

 Tip 레몬즙을 첨가하면 상큼한 향이 더해져 음료로
      먹기에 좋다.

4 2번과 3번에 유기농설탕을 넣어 버무린다.

5　소독된 용기에 버무린 **4**번을 넣고 실온에 두면서 유기농설탕이 녹을 때까지 하루에 한두 번씩 잘 저어준다.

6　유기농설탕이 녹으면 실온에 두었던 **5**번을 냉장고에 넣고 다시 5일간 숙성하면 자두레몬청이 완성된다.

🍵 Tip　숙성된 자두레몬청은 3개월 동안 냉장 보관 가능하다.

· 자두레몬청으로 자두레몬에이드 만들기 ·

컵에 얼음을 가득 채우고, 자두레몬청과 탄산수의 비율은 1대 4비율로 넣어 완성한다. 자두는 혈압을 낮춰줘서 심혈관 질환 예방에 도움을 준다.

19.
보리수청

· 보리수청 만들기 ·

 재료

보리수 500g, 유기농설탕 500g,
베이킹소다

1 물에 베이킹소다 한두 스푼을 넣고, 보리
  수를 약 10분간 담근 후에 세척한다. 헹굼
  은 2번 한 후 마지막 헹굼은 정수로 한다.

2 씻은 보리수는 건져서 체에 밭쳐 물기를
  뺀다.

3 2번에 유기농설탕 400g을 넣고 버무린다.

4 소독된 용기에 3번을 넣은 후 100g의 유기
  농설탕은 위에 덮어준다.

5 실온에 두면서 유기농설탕이 녹을 때까지 하루에 한두 번씩 저어준다.

6 보리수가 쪼글쪼글해지면 보리수액을 분리한다.

7 보리수청은 실온에 둔다.

 Tip 보리수청은 실온에서 1년간 보관 가능하다.

· 보리수청으로 보리수차 만들기 ·

보리수청과 뜨거운 물을 1대 4비율로 타서 마신다. 보리수는 기침과 천식에 도움을 준다.

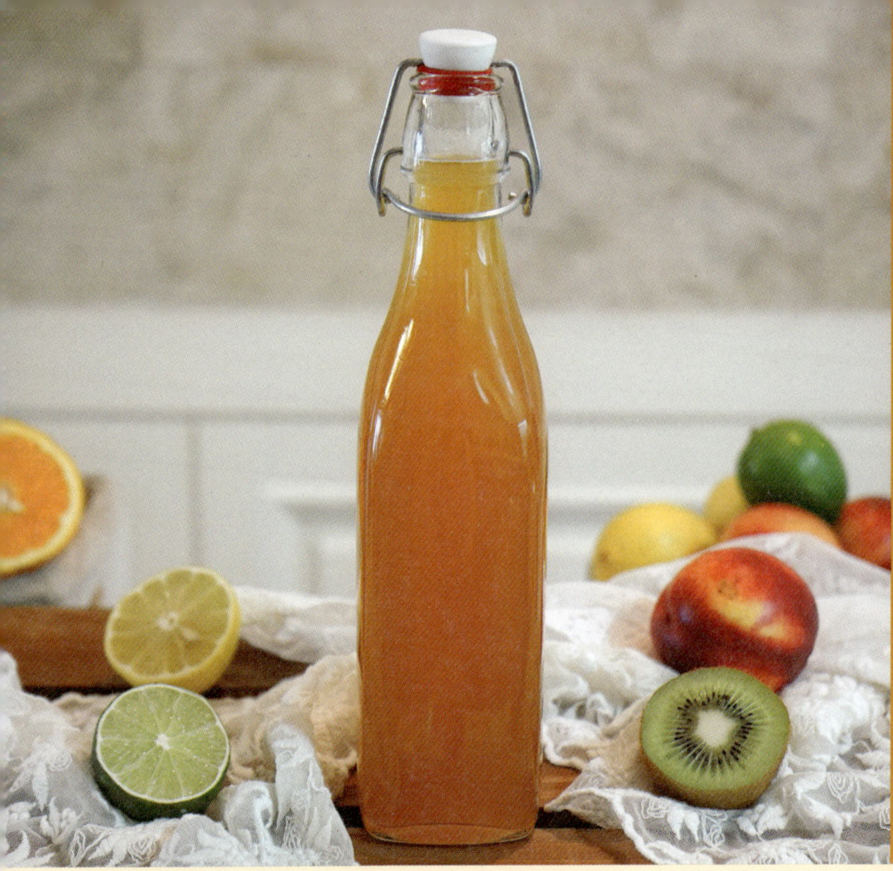

20. 황매실청

· 황매실청 만들기 ·

재료

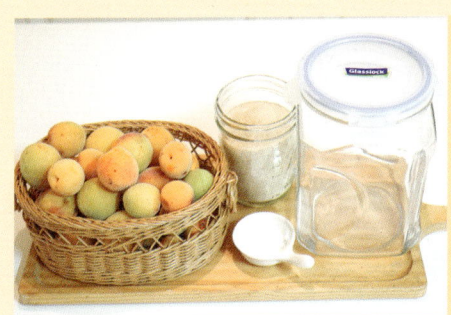

황매실 500g, 유기농설탕 500g,
베이킹소다

1 물에 베이킹소다 한두 스푼을 넣고, 매실을
   약 10분 담근 후에 세척한다. 헹굼은 2번
   한 후 마지막 헹굼은 정수로 한다.

   Tip 매실은 청매실보다 황매실이 풍미도 좋고, 맛
   도 좋다.

2 씻은 황매실은 건져서 체에 받쳐 물기를 뺀다.

3 2번에 유기농설탕 400g을 넣고 버무린다.

4 소독된 용기에 3번을 넣은 후 100g의 유기
   농설탕은 위에 덮어준다.

5 실온에 두면서 유기농설탕이 녹을 때까지 하루에 한두 번씩 저어준다.

6 황매실이 쪼글쪼글해지면 매실과 액을 분리한다.

7 황매실액은 실온에 둔다.

Tip 황매실청은 실온에서 1년간 보관 가능하다.

· 황매실청으로 황매실에이드 만들기 ·

컵에 얼음을 가득 채우고, 황매실청과 탄산수의 비율은 1대 4비율로 넣어 완성한다. 매실은 배탈이나 설사에 도움을 준다.

21.
백향과청

· 백향과청 만들기 ·

 재료

백향과 500g(8개), 유기농설탕 400g,
베이킹소다

1   물에 베이킹소다 한두 스푼을 넣고, 백향과를 약 20분 담근 후에 세척하고 헹군다.

2   백향과의 윗 부분을 자른 후 알맹이를 뺀다.

3   2번에 유기농설탕을 넣어 버무린다.

4   소독된 용기에 3번을 넣는다.

5   실온에 두면서 유기농설탕이 녹을 때까지 하루에 한두 번씩 저어준다.

Tip   이틀 정도면 유기농설탕이 녹는다.

6 유기농설탕이 녹으면 실온에 뒀던 5번을 냉장고에 넣고 다시 5일간 숙성하면 백향 과청이 완성된다.

Tip 숙성된 백향과청은 냉장고에서 3개월 동안 보관 가능하다.

· 백향과청으로 백향과에이드 만들기 ·

컵에 얼음을 가득 채우고, 백향과청과 탄산수의 비율은 1대 4비율로 넣어 완성한다. 백향과는 피부 미용과 노화 예방에 좋다.

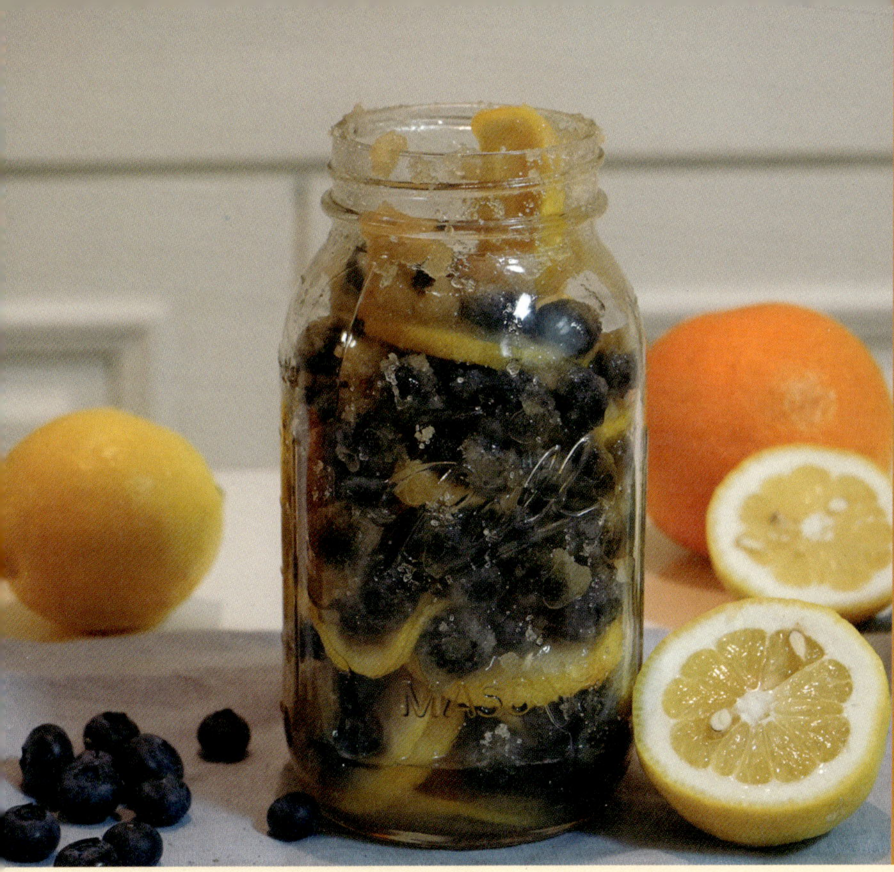

22

블
루
베
리
레
몬
청

· 블루베리레몬청 만들기 ·

재료

블루베리 100g, 레몬 200g(2개),
유기농설탕 240g, 베이킹소다

1 물에 베이킹소다 한두 스푼을 넣고, 블루 베리를 약 20분간 담근 후에 세척하고, 레몬도 세척한다(레몬 세척은 1장 참고).

2 블루베리와 레몬은 체에 밭쳐 물기를 제거한다.

3 레몬은 0.5cm 두께로 슬라이스 한다.

 레몬의 꼭지에는 쓴맛이 많기 때문에 과육이 보일 정도로 잘라 버린다.

4 물기 뺀 블루베리와 슬라이스 한 레몬에 유기농설탕을 넣고 버무린다.

5 소독된 용기에 버무린 4번을 넣는다.

6 실온에 두면서 유기농설탕이 녹을 때까지 하루에 한두 번씩 저어준다.

7 유기농설탕이 녹으면 실온에 뒀던 **6**번을 냉장고에 넣고 다시 2주일간 숙성하면 블루베리레몬청이 완성된다.

Tip 숙성된 블루베리레몬청은 냉장고에서 3개월 동안 보관 가능하다.

· 블루베리레몬청으로 블루베리레몬에이드 만들기 ·

컵에 얼음을 가득 채우고, 블루베리레몬청과 탄산수의 비율은 1대 4비율로 넣어 완성한다. 블루베리의 안토시아닌은 시력 보호에 도움을 준다.

23.

애플민트라임청

· 애플민트라임청 만들기 ·

 재료

라임 300g(3개), 유기농설탕 240g,

애플민트 5줄기, 베이킹소다,

굵은 소금, 밀가루

1 애플민트는 베이킹소다 풀은 물에 흔들어
세척하고, 라임도 세척한다.

   Tip 라임 세척방법은 1장을 참고한다.

2 애플민트와 라임은 체에 밭쳐 물기를 제
거한다.

3 라임을 0.5cm 크기로 슬라이스 한다.

   Tip 라임의 꼭지 부분은 쓴맛이 난다. 라임 꼭지는
   과육이 보일 만큼 잘라서 버린다.

4 3번에 유기농설탕을 넣어 버무린다.

   Tip 버무릴 때는 라임의 과육이 빠지지 않도록 힘
   을 빼고 살살 버무린다.

5 애플민트를 소독된 용기에 넣은 후 애플민
트 향이 올라올 수 있도록 숟가락으로 빻
는다.

6 5번에 4번을 넣은 후 실온에 두면서 유기
농설탕이 녹을 때까지 하루에 한두 번씩
저어준다.

7 유기농설탕이 녹으면 실온에 두었던 **6**번을
냉장고에 넣고 다시 5일간 숙성하면 애플민
트라임청이 완성된다.

 숙성된 애플민트라임청은 냉장고에서 3개월
동안 보관 가능하다.

· 애플민트라임청으로 라임모히또 만들기 ·

컵에 얼음을 가득 채우고, 애플민트라임청과 탄산수의 비율은 1대 4비율로 넣어 완성한다. 이때
라임과 애플민트를 숟가락으로 꾹꾹 눌러 향을 내서 완성한다. 라임은 피로회복에 도움을 준다.

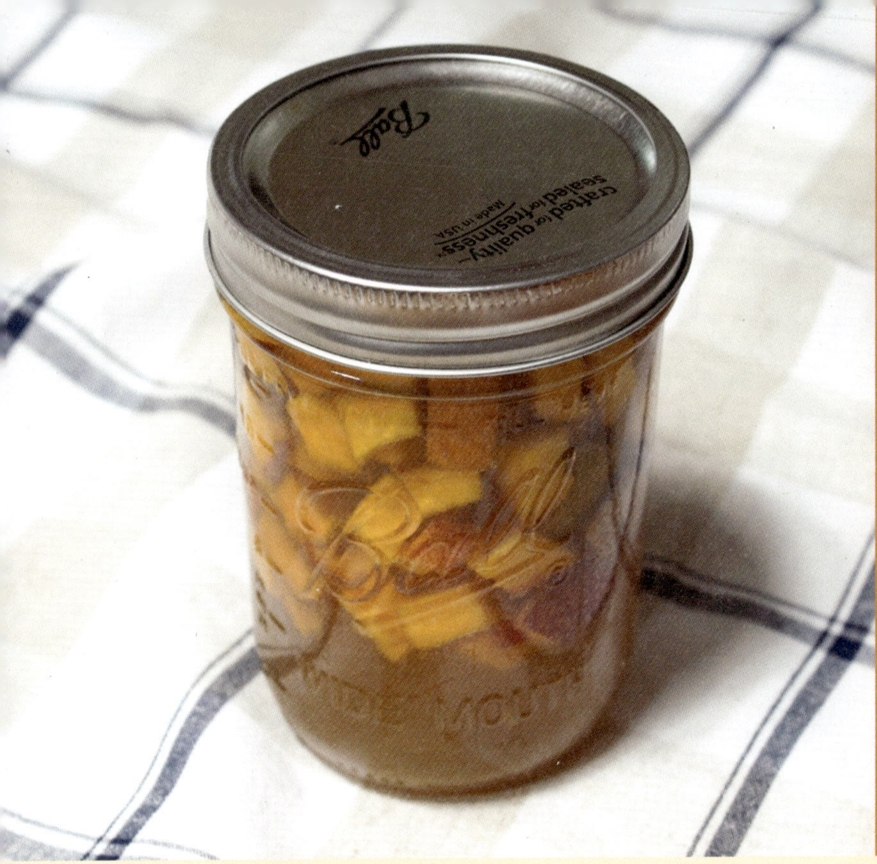

24. 애플망고청

· 애플망고청 만들기 ·

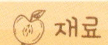

재료

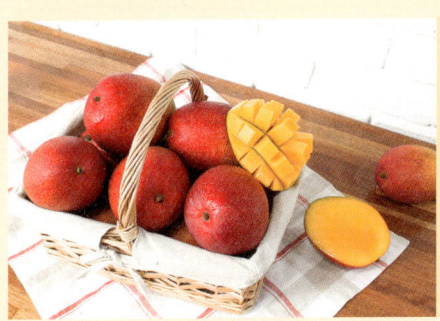

애플망고 300g(1개), 유기농설탕 240g,
베이킹소다

1 물에 베이킹소다 한두 스푼을 넣고, 애플망고를 약 20분간 담근 후 세척하고, 마지막 헹굼은 정수로 한다.

2 세척한 애플망고를 2×2cm 크기로 썬다.
 중간에 씨가 있으니 썰 때 주의한다.

3 2번에 유기농설탕을 넣어 버무린다.
 버무릴 때 주의해야 애플망고 모양이 흐트러지지 않는다.

4 소독된 용기에 3번을 넣는다.

5 실온에 두면서 유기농설탕이 녹을 때까지 하루에 한두 번씩 저어준다.

6   유기농설탕이 녹으면 실온에 두었던 **5**번을 냉장고에 넣고 5일간 숙성하면 애플
    망고청이 완성된다.

    Tip 숙성된 애플망고청은 냉장고에서 3개월 동안 보관 가능하다.

· 애플망고청으로 애플망고요거트 만들기 ·

플레인요거트에 애플망고청을 적당히 얹어 완성한다. 애플망고의 베타카로틴은 비타민A의
흡수를 도와 눈의 피로를 회복시킨다.

3장

수제식초
정리노트

백화점과 계약하다

2016년 대구경북 우수중소기업 품평회에 참가하게 되었다. 백화점 MD를 처음 만나는 날, 회사 소개와 제품을 소개할 문구를 몇 번이나 외우고 연습을 했다. 처음 참가하는 품평회라 바짝 긴장을 하며 회사 소개를 간단히 마쳤다. 그때 처음 만난 대구백화점 대백프라자의 심상각 팀장님은 토마토초음료를 시음하셨는데, 마시자마자 이렇게 말씀하셨다.

"너무 맛있네요. 한 잔 더 주세요."

그 말씀에 온몸의 긴장감이 풀어지면서 자신감을 얻게 되었다. 그렇게 첫 품평회를 참가한 후 대구백화점에서 개최하는 '대구경북 우수중소기업 특별 초대전'까지 참가하게 되었다. 이것이 백화점과의 첫 인연이다. 이렇게 지역 백화점에서 한 달에 한 번씩 팝업매장을 열고, 명절 선물세트전까지 참가할 수 있게 되었다.

10평에서 시작한 작은 가게였는데, 한 달에 한 번씩 백화점 팝업매장을 들어간 후부터 조금씩 나를 찾는 분들이 늘어나기 시작했다. 이후 '5대 백화점 중소기업상생관 입점업체 선정 품평회'에 참가하게 되었으며, 신세계백화점, 갤러리아백화점과도 계약을 하게 되었다.

식초의 가치

식초는 식품 중 유일하게 노벨상을 3번이나 받은 발효식품이다. 식초의 영양학적인 가치는 그만큼 대단하다. 하지만 안타깝게도 대부분의 사람들이 발효식초의 건강학적인 가치를 모르고, 식초를 그저 단순한 조미료쯤으로 생각한다.

모든 식품이 그렇듯 아무리 몸에 좋더라도 맛이 없다면 먹기 어렵다. 하지만 수제청에 발효식초를 더해서 숙성한다면, 맛과 건강에 좋은 수제식초(음료)를 간단하게 만들 수 있다. 그럼 먼저 건강한 식초를 구입해야 하는데, 건강한 식초 구입하는 방법에 대해 알아보자.

발효식초 선택방법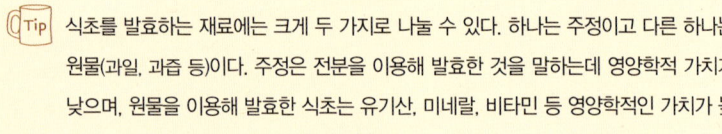

1) 식품 유형에 발효식초를 고른다.

2) 원재료 및 함량에 주정이 들어 있지 않는 것을 선택한다.

> **Tip** 식초를 발효하는 재료에는 크게 두 가지로 나눌 수 있다. 하나는 주정이고 다른 하나는 원물(과일, 과즙 등)이다. 주정은 전분을 이용해 발효한 것을 말하는데 영양학적 가치가 낮으며, 원물을 이용해 발효한 식초는 유기산, 미네랄, 비타민 등 영양학적인 가치가 높다. 주정이 들어 있지 않은 식초는 원물을 이용한 발효식초다.

1.

파인애플초

· 파인애플초 만들기 ·

 재료

파인애플 300g(1/3통),

유기농설탕 300g,

현미식초 300ml

1 물에 베이킹소다 한두 스푼을 넣고, 파인애플을 약 20분 담근 후에 세척하고, 정수에 헹군다.

2 파인애플 껍질을 벗긴 후 3×3cm 크기로 썬다.

3 2번에 유기농설탕을 넣은 후 버무린다.

4 소독된 용기에 버무린 3번을 넣는다.

5 실온에 두면서 유기농설탕이 녹을 때까지 하루에 한두 번씩 저어준다.

6 유기농설탕이 녹으면 현미식초를 부어 냉장고에서 4주간 숙성한다.

Tip 냉장고에서 숙성하면 파인애플의 향을 좀 더 살릴 수 있다. 실온에서 숙성해도 무방하다.

7 4주간 숙성 후 파인애플 과육과 즙을 분리해서 용기에 넣는다.

> Tip 파인애플 과육의 20%는 남겨두어 먹을 때 같이 먹어도 좋다. 파인애플 과육 씹는 맛이 일품이다.

8 소독된 용기에 7번을 넣어 파인애플식초를 완성한다.

> Tip 보관은 냉장, 실온 모두 가능하나 냉장고에서 보관하는 것이 좀 더 상큼하다. 보관은 6개월 동안 가능하다.

· 스파클링 파인애플초 만들기 ·

컵에 얼음을 가득 채우고, 파인애플초와 탄산수(또는 정수)의 비율은 1대 6비율로 넣은 후 로즈메리 한두 줄기를 넣어 완성한다. 파인애플은 신진대사를 원활하게 하며 소화에 도움을 준다.

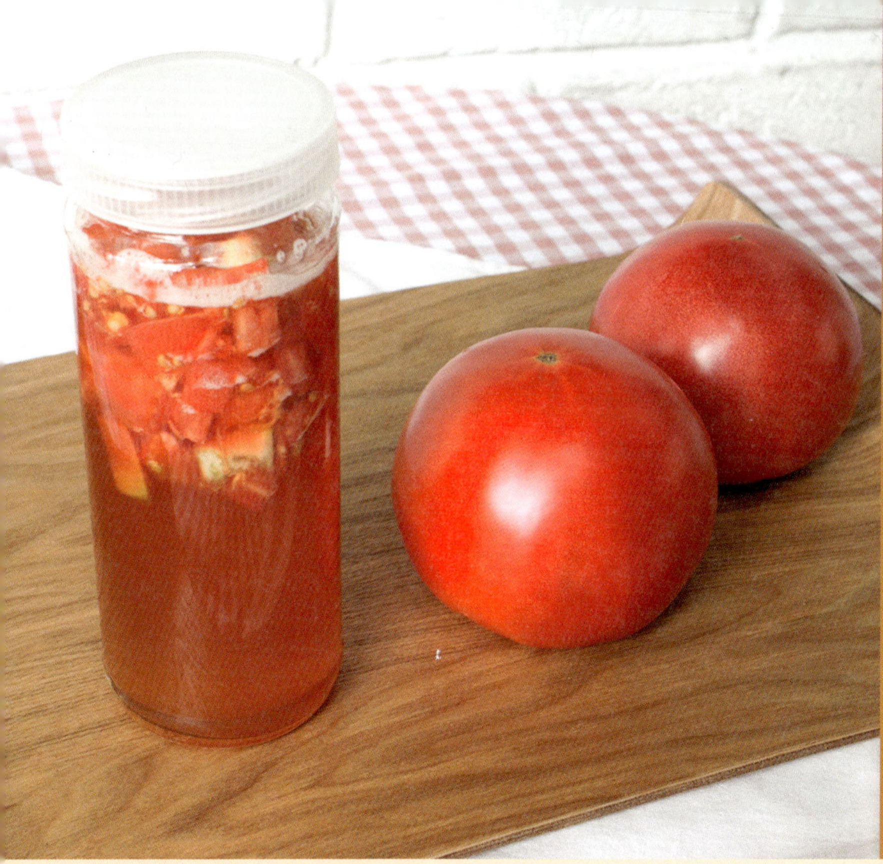

· 토마토초 만들기 ·

 재료

토마토 500g(3개),

유기농설탕 500g,

감식초 500ml

1 물에 베이킹소다 한두 스푼을 넣고, 토마토
　 를 약 20분간 담근 후 세척한다.

2 토마토를 3×3cm 크기로 썬다.

3 2번에 유기농설탕을 넣은 후 버무린다.

4 소독된 용기에 버무린 3번을 넣는다.

5 실온에 두면서 유기농설탕이 녹을 때까지
　 하루에 한두 번씩 저어준다.

Tip 냉장고에서 숙성하면 토마토의 향을 좀 더 살
　 릴 수 있다. 실온에서 숙성해도 무방하다.

6 유기농설탕이 녹으면, 감식초를 부어 냉장
　고에서 4주간 숙성한다.

7 4주간 숙성 후 토마토과육과 즙을 분리해
　서 즙만 용기에 넣는다.

> **Tip** 보관은 냉장, 실온 모두 가능하나 냉장고에서
> 보관하는 것이 좀 더 상큼하다. 보관은 6개월
> 동안 가능하다.

· 스파클링 토마토초 만들기 ·

컵에 얼음을 가득 채우고, 토마토초와 탄산수(또는 정수)의 비율은 1대 6비율로 넣어 완성한
다. 토마토는 몸속 염분을 몸 밖으로 빼주는 역할을 하며, 남성 전립선에도 좋다.

3.

장미오렌지초

· 장미오렌지초 만들기 ·

 재료

오렌지 400g(2개),
유기농설탕 320g,
건조장미 5T,
현미식초 400ml

1 오렌지를 세척한다(세척 방법은 1장 참고).

2 오렌지 꼭지를 잘라낸 후 0.5cm 두께로 슬라이스 한다.

3 2번에 유기농설탕을 넣은 후 버무린다.

4 소독된 용기에 버무린 3번을 넣는다.

5 4번에 건조장미를 넣는다.

6 실온에 두면서 유기농설탕이 녹을 때까지 하루에 한두 번씩 저어준다.

7 유기농설탕이 녹으면, 현미식초를 부어 냉장고에서 4주간 숙성한다.

Tip 냉장고에서 숙성하면 오렌지와 장미의 향을 좀 더 살릴 수 있다. 실온에서 숙성해도 무방하다.

8 4주간 숙성 후 건조장미, 오렌지과육 즙을 분리해서 보관한다.

Tip 보관은 냉장, 실온 모두 가능하나 냉장고에서 보관하는 것이 좀 더 상큼하다. 보관은 6개월 동안 가능하다.

· 스파클링 오렌지초 만들기 ·

컵에 얼음을 가득 채우고 오렌지초와 탄산수의 비율은 1대 6비율로 넣어 완성한다. 건조장미와 오렌지의 향은 심신의 안정을 주며 면역력을 올리는 데 도움을 준다.

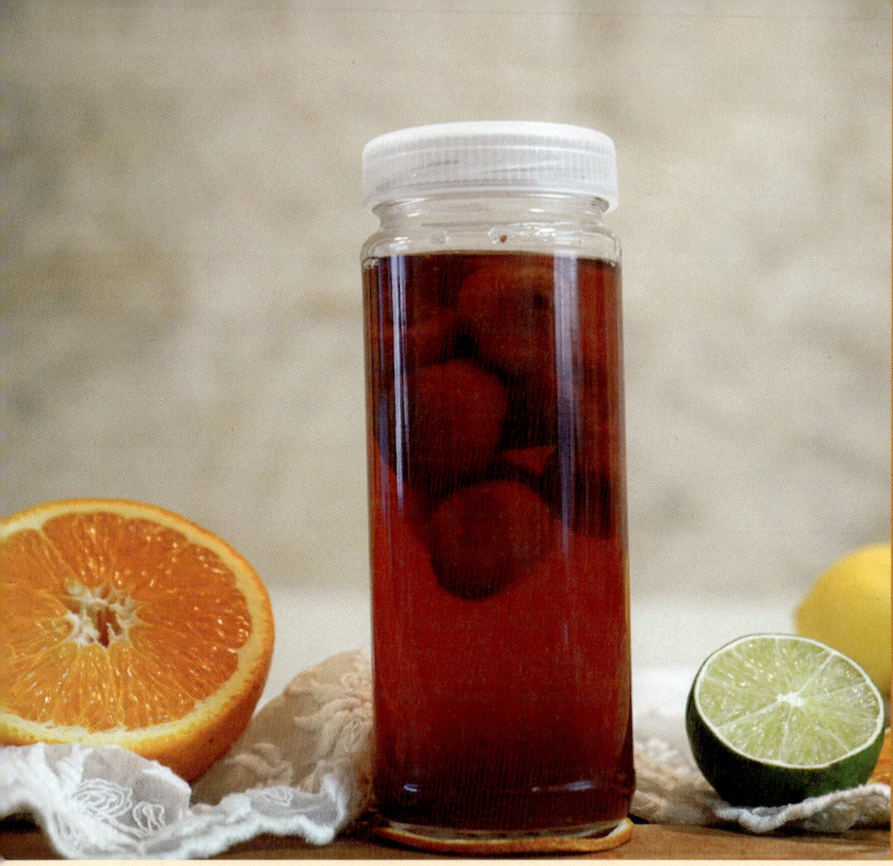

· 딸기초 만들기 ·

 재료

딸기 400g, 유기농설탕 360g,
감식초400ml

1 물에 베이킹소다 한두 스푼을 넣고, 딸기를 담근 뒤 흔들어 세척한다.

Tip 헹굼은 2번 한 후 마지막 헹굼은 식초를 섞은 정수에 헹군다.

2 씻은 딸기는 건져서 체에 밭쳐 물기를 뺀다.

3 2번에 유기농설탕을 넣은 후 버무린다.

Tip 딸기는 잘 무르는 과일이라 부스러질 수 있으니 주의한다.

4 소독된 용기에 버무린 3번을 넣는다.

5 실온에 두면서 유기농설탕이 녹을 때까지 하루에 한두 번씩 저어준다.

6 유기농설탕이 녹으면, 감식초를 부어 냉장고에서 4주간 숙성한다.

Tip 냉장고에서 숙성하면 딸기의 향을 좀 더 살릴 수 있다. 실온에서 숙성해도 무방하다.

7 4주간 숙성 후 딸기과육과 즙을 분리해서 보관한다.

Tip 보관은 냉장, 실온 모두 가능하나 냉장고에서 보관하는 것이 좀 더 상큼하다. 보관은 6개월
동안 가능하다.

· 스파클링 딸기초 만들기 ·

컵에 얼음을 가득 채우고 딸기초와 탄산수를 1대 6비율로 넣어서 완성한다. 딸기는 콜라겐
을 생성하고 멜라닌을 억제해서 피부 미용에 도움을 준다.

5.

블루베리초

· 블루베리초 만들기 ·

 재료

블루베리 400g, 유기농설탕 320g,
현미식초 400ml

1 물에 베이킹소다 한두 스푼을 넣고, 블루베리를 약 20분 담군 후에 세척하고, 헹굼한다.

2 씻은 블루베리는 건져서 체에 밭쳐 물기를 뺀다.

3 2번에 유기농설탕을 넣은 후 현미식초를 넣어 같이 버무린다.

Tip 블루베리는 유기농설탕과 버무려 두어도 삼투압이 잘 일어나지 않아 곰팡이가 생기기 쉽다. 처음부터 식초와 같이 숙성한다.

4 유기농설탕이 녹으면, 냉장고에서 4주간 숙성한다.

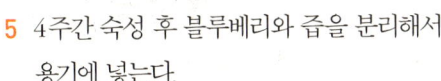

5 4주간 숙성 후 블루베리와 즙을 분리해서 용기에 넣는다.

6 소독된 용기에 넣어 블루베리초를 완성한다.

Tip 보관은 냉장, 실온 모두 가능하며 6개월 동안 보관할 수 있다.

· 스파클링 블루베리초 만들기 ·

컵에 얼음을 가득 채우고, 블루베리초와 탄산수의 비율은 1대 6비율로 넣어 완성한다. 블루베리의 안토시아닌은 시력 보호에 도움을 준다.

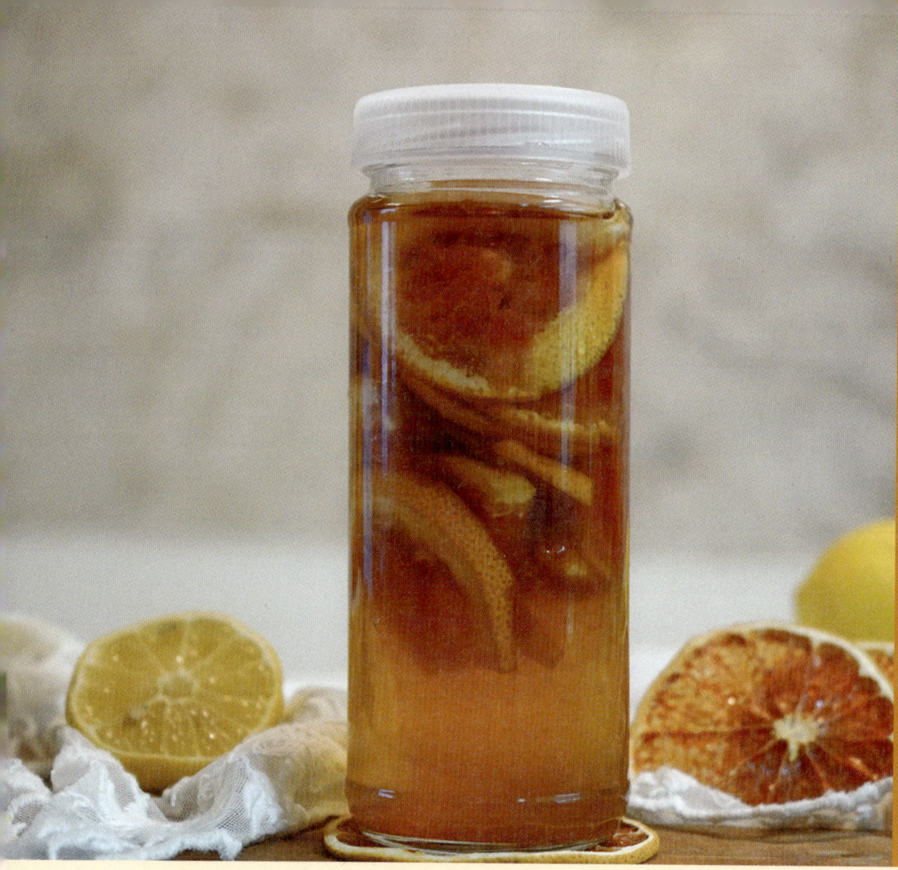

6. 자몽초

· 자몽초 만들기 ·

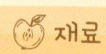

재료

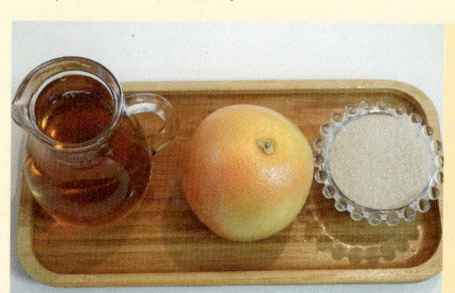

자몽 500g(2개), 유기농설탕 400g,
현미식초 500ml

1   자몽을 세척한다(세척 방법은 1장 참고).

2   자몽 꼭지 부분을 잘라낸 후 0.5cm 두께
    로 슬라이스 한 후 슬라이스 한 자몽을 다
    시 반을 자른다.

3   2번에 유기농설탕을 넣은 후 버무린다.

4   소독된 용기에 버무린 3번을 넣는다.

5   실온에 두면서 유기농설탕이 녹을 때까지
    하루에 한두 번씩 저어준다.

6   유기농설탕이 녹으면 유기농식초를 부어
    냉장고에서 4주간 숙성한다.

   Tip 냉장고에서 숙성하면 자몽의 향을 좀 더 살릴
        수 있다. 실온에서 숙성해도 무방하다.

7 4주간 숙성 후 자몽과육과 즙을 분리해서 보관한다.

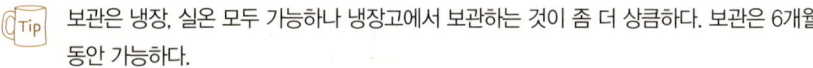 보관은 냉장, 실온 모두 가능하나 냉장고에서 보관하는 것이 좀 더 상큼하다. 보관은 6개월 동안 가능하다.

· 스파클링 자몽초 만들기 ·

컵에 얼음을 가득 채우고, 자몽초와 탄산수의 비율은 1대 6비율로 넣어 완성한다. 자몽은 피부에 좋고 면역력 유지에 도움을 준다.

7.

복분자초

· 복분자초 만들기 ·

 재료

복분자 400g, 유기농설탕 320g,
현미식초 400ml

1 정수에 복분자를 넣어 흔들어 세척한 후 건져낸다.

2 세척한 복분자는 체에 밭쳐 물기를 제거한다.

3 **2**번에 유기농설탕을 넣은 후 버무린다.

4 소독된 용기에 버무린 **3**번을 넣는다.

5 실온에 두면서 유기농설탕이 녹을 때까지 하루에 한두 번씩 저어준다.

6 유기농설탕이 녹으면 현미식초를 부어 냉장고에서 4주간 숙성한다.

> **Tip** 냉장고에서 숙성하면 복분자의 향을 좀 더 살릴 수 있다. 실온에서 숙성해도 무방하다.

7 4주간 숙성 후 복분과육과 즙을 분리해서 보관한다.

 Tip 보관은 냉장, 실온 모두 가능하나 냉장고에서 보관하는 것이 좀 더 상큼하다. 보관은 6개월 동안 가능하다.

· 스파클링 복분자초 만들기 ·

컵에 얼음을 가득 채우고, 복분자초와 탄산수(또는 정수)의 비율은 1대 6비율로 넣어 완성한다. 복분자는 항산화 기능과 노화 예방에 좋다.

4장

코디얼
정리노트

강사가 되다 ☕

수제청을 만들고 판매를 하다 보니 여기저기에서 강의를 하지 않겠냐는 문의가 들어오기 시작했다. 처음에는 내가 어떻게 다른 사람을 가르칠 수 있을까 고민이 되었지만, 시간이 지나면서 자연스럽게 수제청 만드는 방법을 가르쳐 주게 되었다. 강의 일정을 나의 블로그에 올렸는데, 신기하게도 올리자마자 바로 마감이 되었다. 감사하게도 "선생님 강의가 최고였어요", "수제청은 선생님이 최고라 찾아왔어요"라고 말씀하시는 분들이 생겨났다.

놀라운 것은 수제청을 강의하는 강사분들도 나의 강의를 들으러 오시는 것이었다. 그 이유는 수제청이라고 생각하면 누구나 만들 수 있는 무척 간단한 일이라고 생각하지만, 수제청을 이해하려면 발효에 대한 기본 지식이 있어야 하기 때문이다. 나는 창업 전 4년 동안 발효학 박사인 신아가 박사님께 된장, 고추장을 배우면서 발효에 대해 공부했다. 또한 수제청 사업을 시작하면서 브랜드와 제품을 만들어 본 경험과 백화점까지 진출하면서 배운 남다른 노하우를 가지고 있었다. 현재 나는 농업기술센터와 공무원교육기관, 문화센터 등에서 강연하는 강사가 되었다.

서울과 대구를 오가면서 창업 강연을 하게 되었고, 대부분 주부를 대상으로 강의했다. 농업기술센터에서는 특히 지역농산물을 활용한 강의를 해 호응이 좋았다. 포항과 마산지역 희망지역자활센터에서도 일자리 창출을 위한 제품 특강도 하게 되었다. 첫 강의는 어떻게 했는지 모르게 끝이 났지만, 시간이 지날수록 점차 강연을 즐기는 나를 발견했다. 강연장에 서면 심장이 뛰고, 내가 살아 있음을 느꼈다. 내게 이런 재능이 있는지 몰랐던 터라 스스로도 놀라웠다.

코디얼이란 🍵

　코디얼이란 정수에 설탕 또는 꿀을 과일과 함께 끓여서 만든 시럽 형태를 말한다. 서양에서 과일을 장기 보존하기 위해 만든 제품에는 잼, 젤리, 마멀레이드, 코디얼 등이 있다. 코디얼은 서양의 장기 보존식품 중 하나이며, 우리나라의 청과 비슷하다.

　수제청은 발효와 숙성을 이용하기 때문에 좀 더 깊은 맛을 느낄 수 있으며, 코디얼은 끓여 만들기 때문에 맛이 일정하다. 또한 과일의 상큼함을 좀 더 진하게 느낄 수 있는 장점이 있으나 과일을 끓여 만들다 보니 영양학적인 가치는 수제청이 더 높다.

코디얼 만드는 방법 🍵

1. 정수와 설탕을 약한 불에서 은근히 끓여 설탕을 녹인다.

　　🍵 Tip 설탕을 끓일 때 센 불에서 끓일 경우 설탕이 캐러멜화가 일어나 코디얼 맛이 좋지 못하게 되니 주의한다.

2. 과즙이나 과육을 넣어 다시 한 번 끓여 완성한다.

　　🍵 Tip 과일의 껍질에 향이 많으니 껍질과 함께 끓이면 향이 좋은 코디얼을 만들 수 있다.

1.

오렌지레몬코디얼

· 오렌지레몬코디얼 만들기 ·

 재료

오렌지즙 300ml(2개),

레몬즙 210ml(3개),

정제수 255ml,

유기농설탕 380g

1 오렌지와 레몬을 세척한다(세척 방법은 1장 참고).

2 오렌지와 레몬 껍질은 필러로 겉껍질만 벗겨 준비한다.

Tip 과일의 향을 살리기 위해 오렌지와 레몬 껍질을 사용한다.

3 오렌지와 레몬을 반으로 잘라 과즙을 짠다.

4 정수에 유기농설탕을 넣어 약한 불에서 끓여 설탕을 녹인다.

Tip 너무 센 불에서 끓이면 유기농설탕이 캐러멜화되어 코디얼 맛이 떨어지니 주의한다.

5 오렌지와 레몬 껍질을 넣고 한 번 더 끓인 뒤 껍질은 걸러낸다.

6 **5번**에 오렌지즙과 레몬즙을 넣고 다시 한 번 끓인다.

7 뜨거울 때 소독된 용기에 넣고 뚜껑을 닫아 완성한다.

 뜨거울 때 용기에 넣어야 곰팡이가 생기지 않는다.

· 오렌지레몬코디얼로 오렌지레몬에이드 만들기 ·

컵에 얼음을 가득 채우고, 오렌지레몬코디얼과 정제수의 비율은 1대 3비율로 넣은 후 건조오렌지와 허브로 완성한다. 오렌지와 레몬은 노폐물 배출과 피부 미용에 도움을 준다.

파인애플레몬코디얼

· 파인애플레몬코디얼 만들기 ·

 재료

파인애플 500ml(1/3통),
레몬 140ml(2개), 유기농설탕 480g,
정수 320ml, 베이킹소다

1 파인애플과 레몬을 베이킹소다 풀은 물에 약 10분간 담가 세척 후 헹궈 준비한다.

2 파인애플과 레몬을 착즙한다.

3 정수에 유기농설탕을 넣어 약한 불에서 끓여 설탕을 녹인다.

💡Tip 너무 센 불에서 끓이면 유기농설탕이 캐러멜화되어 코디얼 맛이 떨어지니 주의한다.

4 3번에 파인애플즙과 레몬즙을 넣고 다시 한 번 끓인다.

5 뜨거울 때 소독된 용기에 넣고 뚜껑을 닫
  아 완성한다.

Tip 뜨거울 때 용기에 넣어야 곰팡이가 생기지 않
     는다.

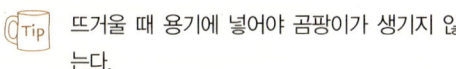

· 파인애플레몬코디얼로 파인애플레몬에이드 만들기 ·

컵에 얼음을 가득 채우고, 파인애플레몬코디얼과 정제수의 비율은 1대 3비율로 넣는다.
건조파인애플을 한 조각을 띄워 완성한다. 파인애플은 신진대사를 원활하게 하며 소화에
도움을 준다.

3.

히비스커스레몬코디얼

· 히비스커스레몬코디얼 만들기 ·

 재료

레몬 350ml(5개), 정수 175ml,
유기농설탕 263g, 히비스커스 3T

1 레몬을 세척한다(세척 방법은 1장 참고).

2 레몬을 착즙한다.

3 정수에 유기농설탕을 넣어 약한 불에서 끓
   여 설탕을 녹인다.

Tip 너무 센 불에서 끓이면 유기농설탕이 캐러멜
     화되어 코디얼 맛이 떨어지니 주의한다.

4 3번에 레몬즙을 넣고 다시 한 번 끓인다.

5 소독된 용기에 히비스커스를 넣은 후 뜨거
울 때 4번을 부어준다.

Tip 뜨거울 때 용기에 넣어야 곰팡이가 생기지 않
는다.

6 냉장고에서 하루 동안 숙성 후 히비스커스
레몬코디얼을 완성한다.

· 히비스커스레몬코디얼로 히비스커스레몬에이드 만들기 ·

컵에 얼음을 가득 채우고, 히비스커스레몬코디얼과 정제수의 비율은 1대 3비율로 넣어서
완성한다. 히비스커스는 이뇨작용과 몸속 노폐물을 배출하는 역할을 한다.

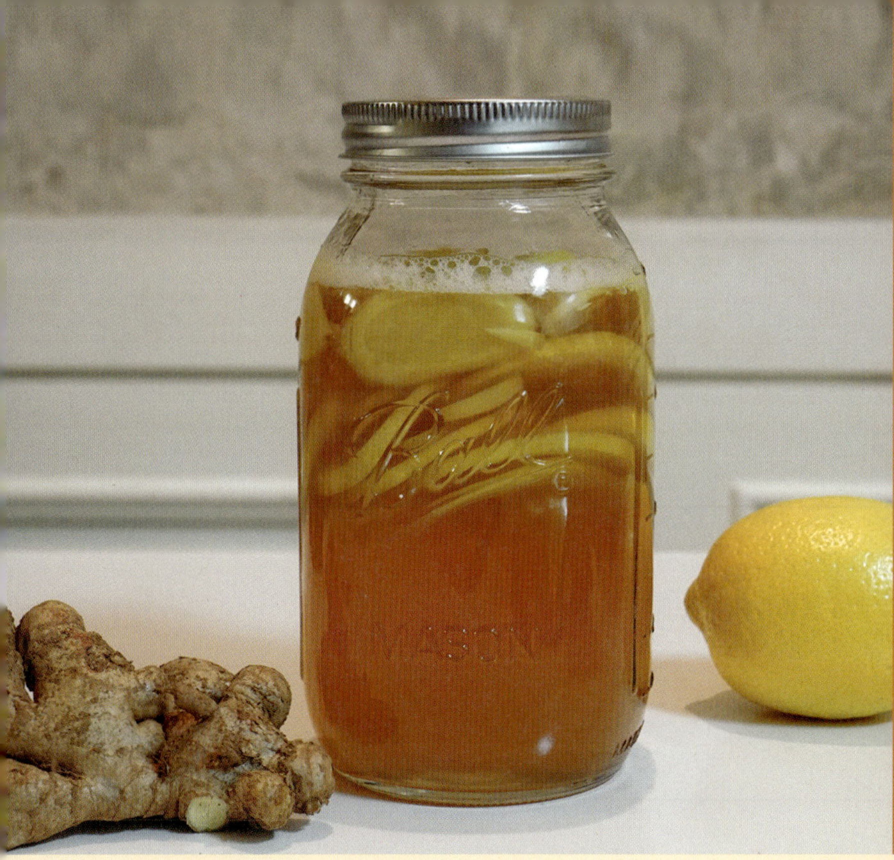

· 진저레몬코디얼 만들기 ·

 재료

생강 100g(1컵), 레몬 200g(2개),
유기농설탕 225g, 정제수 150ml

1 레몬은 세척 후 0.5cm로 슬라이스 해서
  준비한다(세척 방법은 1장 참고).

2 생강은 껍질을 깐 후 0.2cm 두께로 슬라
  이스 한다.

3 정수에 유기농설탕을 넣어 약한 불에서
  끓여 설탕을 녹인다.

  🍵Tip 너무 센 불에서 끓이면 유기농설탕이 캐러멜
       화되어 코디얼 맛이 떨어지니 주의한다.

4 3번에 슬라이스 한 레몬과 생강을 넣어 끓
  인다.

5 뜨거울 때 소독된 용기에 넣고 뚜껑을 닫아 완성한다.

Tip 뜨거울 때 용기에 넣어야 곰팡이가 생기지 않는다.

· 진저레몬코디얼로 진저레몬티 만들기 ·

진저레몬코디얼과 뜨거운 물을 1대 3비율로 타서 마신다. 생강에는 몸속 찬 기운을 몸 밖으로 배출하는 효과가 있어 감기에 좋다.

5장

건조과일
정리노트

건조과일 제품을 출시하다 🍺

과일을 이용해 수제청을 만들다 보니 과일에 대해서는 어느 누구보다 잘 알고 있었다. 그래서 건조과일 상품들을 연이어 출시하게 되었다. 다양한 과일들을 여러 방법으로 건조해보기 시작했다. 어떤 과일들은 씹어 먹는 용도로 좋았으며, 어떤 과일들은 물에 넣어 워터용으로 사용하면 좋은 과일들이 있었다.

건조과일 상품을 출시하면서 요일별 과일워터 제품을 출시했다. 요일별 다양한 과일들로 구성된 과일워터 제품은 하루 한 봉지로 2리터까지 과일워터를 마실 수 있는 제품이다. 물을 마시기 싫어하는 분들도 요일별로 구성된 과일워터 제품으로 물을 수월하게 마시기 시작했다는 평가를 받으면서 주문이 폭주하기 시작했다.

이렇게 바쁜 나날을 보내면서 가끔씩 여행을 떠나면 개인 사진보다는 제품 사진을 찍게 됐다. 자연에서 찍는 제품은 어떤 사진보다 좋은 작품으로 남았다.

건조과일 이야기

과일을 장기보존하기 위해 가장 손쉬운 방법 중 하나는 과일을 건조하는 것이다. 건조를 하면 과채류 자체의 수분이 없어져 세균이나 미생물이 생기지 않기 때문이다. 또한 과일을 건조해서 수분이 증발되고 나면 과일의 맛과 향이 훨씬 풍부해진다. 보관도 용이하며 영양성분도 풍부해지는 것은 보너스다.

건조과일을 이용하는 방법

1) 생수에 약 20분 동안 담가 과일워터로 만든다.
2) 간편하게 간식으로 씹어서 먹는다.
3) 음료나 칵테일 등에 장식용으로 이용한다.

1.

건조레몬

· 건조레몬 만들기 ·

 재료

레몬 5개, 굵은 소금,

베이킹소다, 밀가루

1 레몬을 세척한다(세척 방법은 1장 참고).

2 세척한 레몬을 0.5cm 두께로 슬라이스
   한다.

3 건조기 58도에서 30시간 건조한다.

> **Tip** 레몬 건조 시 계절에 따라 건조시간 변동성이
> 크다. 58도 30시간은 여름철 건조 시 온도와
> 시간이며, 겨울철에는 건조시간이 훨씬 짧아
> 진다. 레몬의 특성상 건조온도를 높게 하거나
> 건조된 레몬을 장시간 보관 시 색이 검게 되
> 니 주의한다. 건조시간과 온도는 건조장소에
> 따라 조금씩 다르다.

· 건조레몬 활용법 ·

건조레몬은 과일워터로 먹는 것이 좋다. 레몬 껍질에서 상큼한 향이 나고, 과육에서 신맛
이 어우러지는 것이 일품이다.

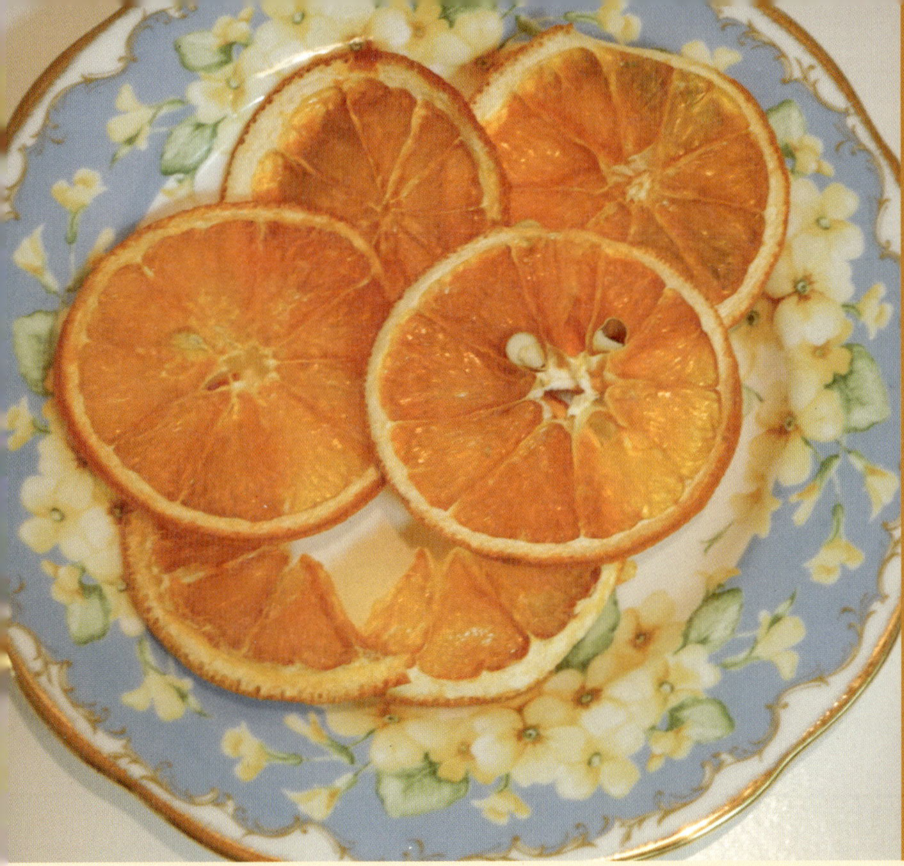

· 건조오렌지 만들기 ·

 재료

오렌지 3개, 굵은 소금, 베이킹소다,

밀가루

1   오렌지를 세척한다(세척 방법은 1장 참고).

Tip   껍질째 사용하는 과일은 1장을 참고해서 꼼꼼
히 세척한다.

2   세척한 오렌지를 0.5cm 두께로 슬라이스
한다.

3   건조기 58도에서 30시간 건조한다.

Tip   건조시간과 온도는 계절에 따라 조금씩 다
르다.

건조오렌지는 과일워터로 먹는 것이 좋다. 오렌지 껍질에서 상큼한 향이 나고, 과육에서
은은히 올라오는 단맛이 최고다.

3. 건조키위

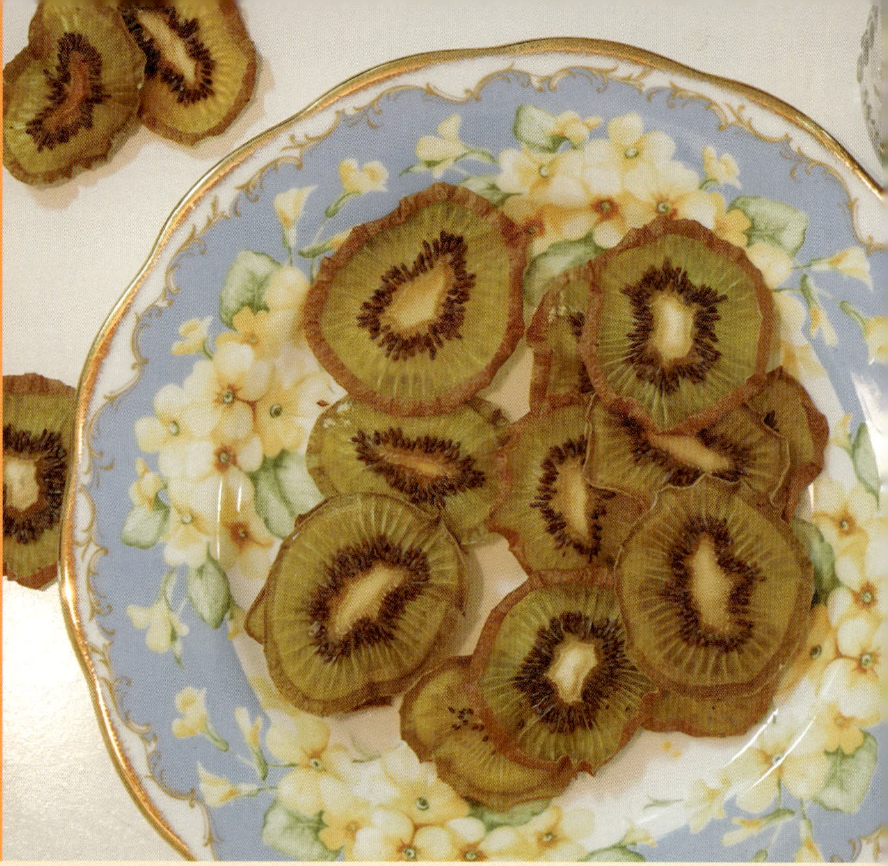

· 건조키위 만들기 ·

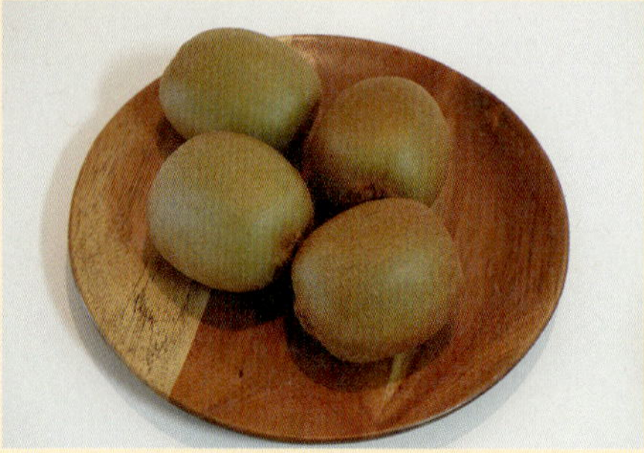

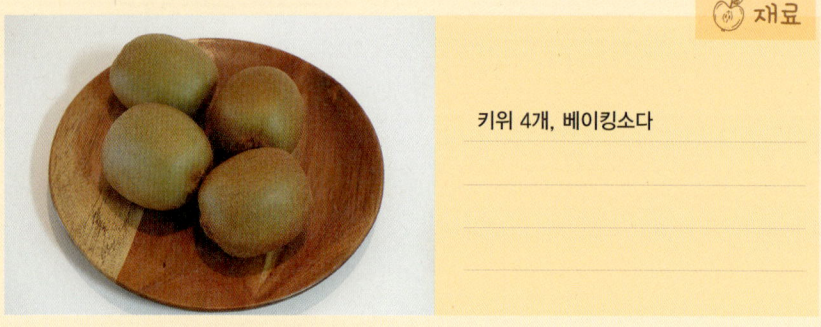

재료

키위 4개, 베이킹소다

1 물에 베이킹소다 한두 스푼을 넣고, 키위를 약 20분간 담근 후에 수세미로 문질러 세척 후 헹군다.

Tip 키위는 숙성되지 않은 단단한 상태에서 사용한다. 키위는 껍질의 털이 없어지도록 수세미로 문질러 세척한다.

2 세척한 키위는 0.5cm 두께로 슬라이스한다.

3 건조기 58도에서 30시간 건조한다.

Tip 그린키위는 새콤한 맛이 좋아 과일워터로 이용하거나 씹어 먹는 간식으로도 좋다. 건조시간과 온도는 계절에 따라 조금씩 다르다.

건조키위의 용도는 과일워터와 간식으로 나눌 수 있다. 과일워터로 사용할 때는 은은한 신맛이 좋다. 간식으로 먹을 때는 키위 속에 있는 씨앗 씹는 맛과 과육의 쫄깃함을 같이 느낄 수 있다.

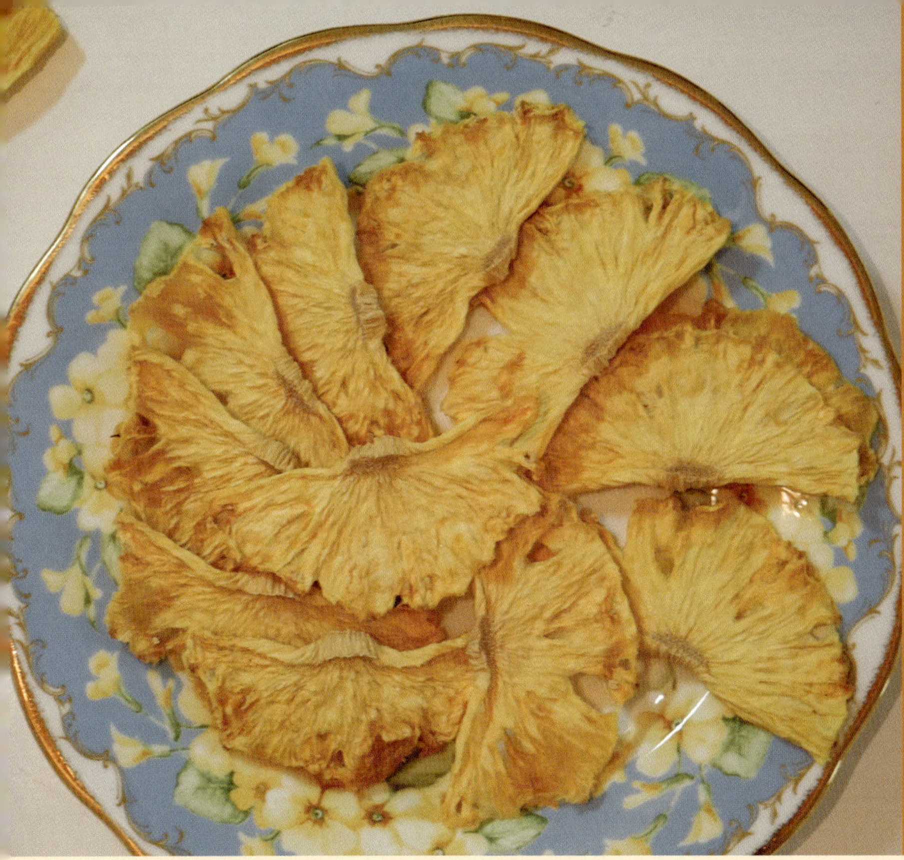

4. 건조파인애플

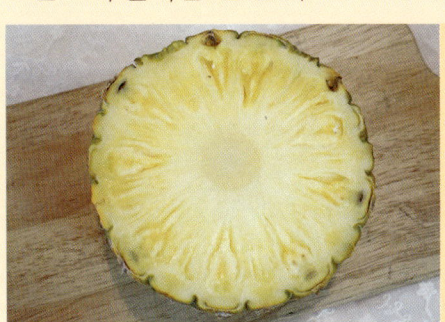

· 건조파인애플 만들기 ·

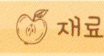

재료

파인애플 1개, 베이킹소다

1 물에 베이킹소다 한두 스푼을 넣고, 파인애플을 약 20분간 담근 뒤 세척하고, 헹군다.

2 파인애플 껍질을 벗긴다.

3 파인애플을 반으로 자른 뒤, 0.5cm 두께로 슬라이스 한다.

4 건조기 58도에서 28시간 건조한다.

 Tip 파인애플은 달콤한 맛과 향이 좋아 과일워터로 이용하거나 씹어 먹는 간식으로도 좋다. 건조 시간과 온도는 계절에 따라 조금씩 다르다.

건조파인애플의 용도는 과일워터와 간식으로 나눌 수 있다. 과일워터로 사용할 때는 파인애플만의 진한 단맛과 은은하게 올라오는 파인애플 향이 일품이다. 간식으로 먹을 때는 깊은 단맛과 과육의 쫄깃함이 간식용으로 더할 나위 없다.

5.
건조사과

· 건조사과 만들기 ·

 재료

사과 2개, 베이킹소다

1 물에 베이킹소다 한두 스푼을 넣고, 사과를 약 20분간 담근 후에 세척 후 헹군다.

2 사과 씨를 빼고, 0.5cm 두께로 슬라이스한다.

3 건조기 58도에서 28시간 건조한다.

Tip 사과는 달콤한 맛이 좋아 과일워터로 이용하거나 향이 좋은 레몬과 블랜딩도 좋다. 건조시간과 온도는 계절에 따라 조금씩 다르다.

건조사과의 용도는 과일워터와 간식으로 나눌 수 있다. 수입 과일에 비해 국내산 과일은 향이 비록 연하지만, 연한 사과 향과 과육의 은은한 단맛이 참 좋다. 간식으로 먹을 때는 쫄깃한 과육과 함께 사과 향기가 입안에 가득 퍼진다.

· 건조비트 만들기 ·

🍎 재료

비트 1개

1 비트를 흐르는 물에 깨끗이 씻는다.

2 비트 껍질을 제거한다.

3 0.5cm 두께로 슬라이스 한 다음 4×4cm 크기로 썰어 준비한다.

4 건조기 58도에서 28시간 건조한다.

 비트는 워터로 이용하기 좋은데, 비트를 물에 넣으면 붉은색이 우러난다. 건조시간과 온도는 계절에 따라 조금씩 다르다.

건조비트는 과일워터로 먹는 것이 좋다. 비트 한 조각을 정수에 넣으면 붉은 색소가 컵 속
에 가득 퍼져 더욱 새로운 물을 선사한다.

7.

건조감귤

· 건조감귤 만들기 ·

 재료

감귤 4개, 베이킹소다

1 물에 베이킹소다 한두 스푼을 넣고, 감귤을 흔들어 세척 후 헹군다.

2 세척한 감귤을 0.5cm 두께로 슬라이스한다.

3 건조기 58도에서 28시간 건조한다.

Tip 밀폐 용기에 넣어 냉동 보관하면 6개월 동안 먹을 수 있다. 건조시간과 온도는 계절에 따라 조금씩 다르다.

건조감귤의 용도는 과일워터와 간식으로 나눌 수 있다. 과일워터로 사용할 때는 껍질의 향과 과육의 달콤함을 즐길 수 있다. 간식으로 먹을 때는 껍질째 건조해 은은한 감귤 향과 쫄깃한 과육을 느낄 수 있다.

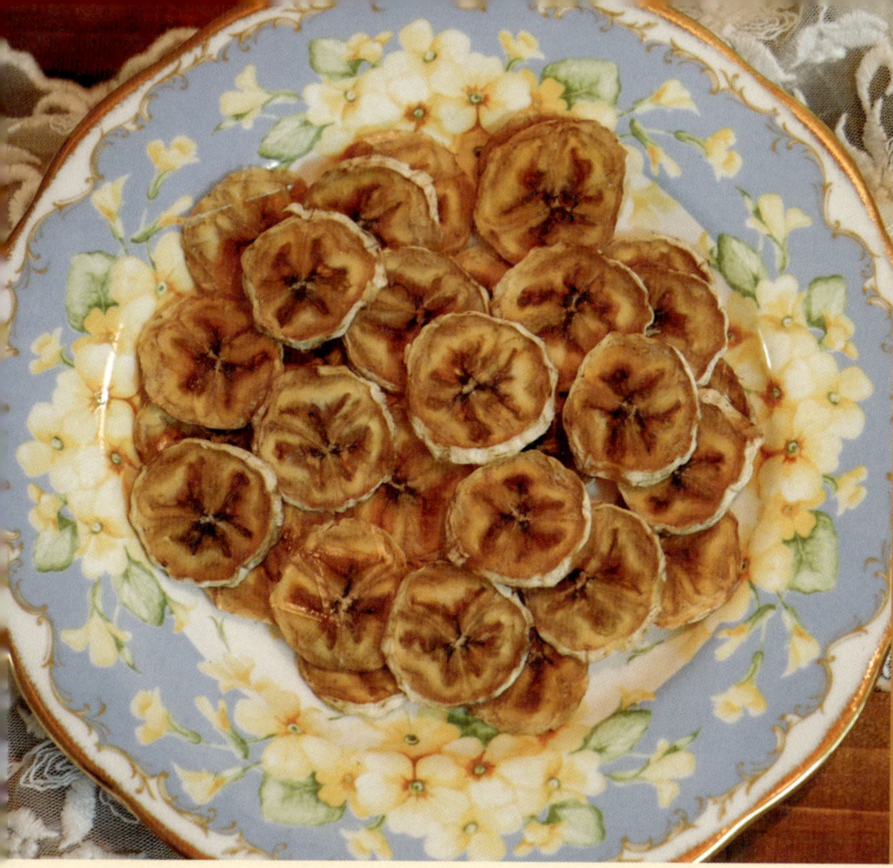

· 건조바나나 만들기 ·

 재료

바나나 4개, 베이킹소다

1 물에 베이킹소다 한두 스푼을 넣고, 바나
나를 흔들어 세척 후 헹군다.

2 세척한 바나나를 껍질을 벗긴 후 0.5cm
두께로 슬라이스 한다.

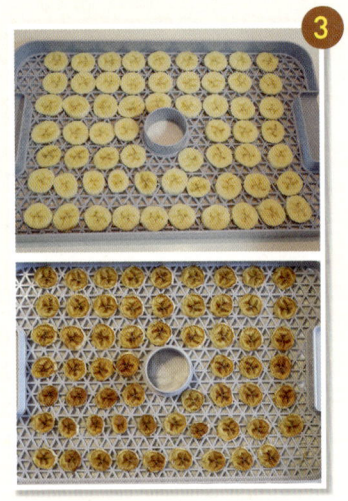

3 건조기 58도에서 28시간 건조한다.

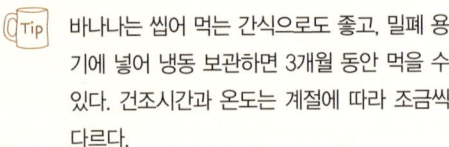

바나나는 씹어 먹는 간식으로도 좋고, 밀폐 용
기에 넣어 냉동 보관하면 3개월 동안 먹을 수
있다. 건조시간과 온도는 계절에 따라 조금씩
다르다.

· 건조바나나 활용법 ·

건조바나나는 간식으로 먹는 것이 좋다. 달콤한 바나나 향과 쫄깃함이 정말 좋다.

9.
건조자몽

· 건조자몽 만들기 ·

 재료

자몽 2개, 굵은 소금,
베이킹소다, 밀가루

1 자몽을 세척한다(세척 방법은 1장 참고).

2 세척한 자몽을 0.7cm 두께로 슬라이스
한다.

Tip 자몽은 즙이 많아 슬라이스가 어렵다. 레몬과
오렌지보다 좀 더 두껍게 슬라이스 한다.

3 건조기 58도에서 28시간 건조한다.

Tip 밀폐 용기에 넣어 냉동 보관하면 6개월 동안
먹을 수 있다. 건조시간과 온도는 계절에 따라
조금씩 다르다.

· 건조자몽 활용법 ·

건조자몽은 과일워터로 먹는 것이 좋다. 자몽 특유의 쓴맛과 자몽 향기가 참 좋다.

10.
건조무화과

· 건조무화과 만들기 ·

 재료

무화과 7개, 베이킹소다

1 물에 베이킹소다 한두 스푼을 넣고, 무화과를 흔들어 세척 후 헹군다.

2 무화과를 반 자른 후 8등분 한다.

3 건조기 58도에서 30시간 건조한다.

Tip 쫀득하게 건조한 경우 밀폐 용기에 넣어 냉동 보관하면 6개월 동안 먹을 수 있다. 건조시간과 온도는 계절에 따라 조금씩 다르다.

· 건조무화과 활용법 ·

건조무화과는 간식으로 먹는 것이 좋다. 무화과 씨앗이 톡톡 터지는 맛이 좋다.

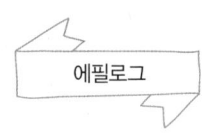

15년 전 건강한 음식을 만들겠다고 결심 했을 때의 나를 기억한다.

창업을 위한 준비 기간 5년,

수제청 전문점을 창업한 기간 5년,

강사 경력 4년.

그동안 수많은 시행착오와 어려움들이 있었다. 창업 후 나는 천천히 걸음을 걸었던 적이 없었다. 강연 시간을 맞추기 위해, 고객님들에게 좋은 제품을 드리기 위해 항상 뛰어다녔다. 넘치는 업무량에 잠잘 시간이 늘 부족해서 고속도로에서 졸음운전으로 큰 사고가 날 뻔했던 적도 있다. 하지만 그 힘들었던 과정은 나에게 뜻밖의 결과물로 행복감을 줬다.

"부모님께 선물을 드렸는데 정말 맛있다고 해요."

"여자 친구에게 선물했는데, 진짜 행복해하더라고요. 좋은 제품 만들어 주서서 고맙습니다."

"수제청은 선생님이 대한민국 최고시잖아요. 그래서 먼 길을 달려 찾아왔어요."

"이제까지 강연하면서 저도 모르는 부분이 많았는데 오늘 그 시원함을 다 풀고 갑니다."

여러분들의 응원에 힘든 것은 한순간에 녹아내리고 좋은 에너지로 내게 되돌아온다. 이 책은 손경희가 걸어온 15년의 시간을 담은 것이다. 어떤 사람은 "손경희는 운이 참 좋아"라고 말을 한다. 물론 나는 운이 참 좋은 사람이다. 하지만 기회는 준비된 사람에게 찾아온다.

그동안 뼈아프고, 눈물 나는 노력들이 있었다. 그리고 꿈을 위해 포기해야 하는 것도 많았다. "움직이지 않으면 아무것도, 아무 일도 일어나지 않는다"라고 로버트 링거(Robert Ringer)는 말했다.

수제청을 넣은 따뜻한 차 한잔을 먹으면서 여러분들의 꿈을 상상해봤으면 좋겠다. 그리고 움직여 보길 바란다. 자신에 대한 끝없는 신뢰와 사랑을 꼭 기억하자. 끝까지 이 책을 읽어준 분들에게 다시 한 번 감사한 마음을 전한다.

개정판
손경희의 수제청 정리노트

제1판 1쇄 2019년 4월 30일
제1판 6쇄 2021년 3월 5일
제2판 1쇄 2024년 3월 5일

지은이 손경희
펴낸이 한성주
펴낸곳 ㈜두드림미디어
책임편집 배성분
디자인 얼앤똘비악(earl_tolbiac@naver.com)

㈜두드림미디어
등록 2015년 3월 25일(제2022-000009호)
주소 서울시 강서구 공항대로 219, 620호, 621호
전화 02)333-3577
팩스 02)6455-3477
이메일 dodreamedia@naver.com(원고 투고 및 출판 관련 문의)
카페 https://cafe.naver.com/dodreamedia

ISBN 979-11-93210-58-1 (13590)

책 내용에 관한 궁금증은 표지 앞날개에 있는 저자의 이메일이나
저자의 각종 SNS 연락처로 문의해주시길 바랍니다.